3D

打印创意小创客

戴少海 潘高峰 郑利军 ◎ 著

海峡出版发行集团
THE STRAITS PUBLISHING & DISTRIBUTING GROUP | 福建教育出版社

编委会人员名单

前 言

　　创客文化源于国外，且已发展得红红火火。创客教育以项目式学习为主要学习方式，为学习者提供高频次的沟通交流和相互学习的机会，有利于学习者交际能力、合作意识的培养。创客教育不仅深化了学习者的项目学习能力，而且更加关注学习者创新能力的培养。

　　3D 打印创客教育与 STEAM 相比，既包含在其中，又可独立存在，不单纯是包含与被包含的关系。3D 打印作为创客教育实现和推广的重要桥梁，契合中小学生富有好奇心和创造力的天性。3D 打印机实现了打印技术的升级，从构思设计到最终的成品打印，以立体的方式将所想所要呈现出来。创新设计是 3D 打印的精髓，如何发现生活中所需要的事物，如何将身边已有的事物升级，如何将一些所需产品更好地结合等，都需要学习者不断在学习中创新，在实践中提高创新能力。本书的教学内容，侧重于将 3D 打印技术作为激发学习动力的工具和支持创新设计的技术工具，并将之应用到教学活动中，促进学生学习主动性的提高和创新思维能力的培养。

　　本书案例中的风扇、花瓶、挤牙膏器、浮雕灯等，都是贴近生活、容易激发学生兴趣的创客教育内容，并以两位小学生——小库和小拉作为贯穿全书的角色，把发生在学生身边的事情编成故事，并作为情境导入学习内容，使得学习的过程变得有趣。而在解决问题的过程中，学生的创新和实践能力都能得到提高。

立足于创新实践能力的提升，我们不仅要传授"是什么""为什么""怎么做"，还要培养学习者自主探究"怎么做会更好"的能力。本书中的每个案例只例举了创意设计中的一种样式、功能等，那么，如何通过学习，做出不一样的外形或者不同功能的作品呢？这就需要学生在往后的学习中，不断思考、尝试和创作。通过让学生主动参与创新设计，全面细致地分析打印任务，充分发挥想象力和创造力，他们一定可以成为优秀的小创客。

目录

第一篇　开启 3D 打印创意之旅

小库（哥哥）和小拉（妹妹）是一对双胞胎兄妹，从小就爱奇思妙想和动手制作。他们的父亲有一个好朋友思睿迪博士，他是位"知识通"，在他的金山创客室里有各式各样的实验器材，还有一个可爱的机器人罗伯特。一切的故事就发生在小库和小拉的爸爸暑假带他们去思睿迪博士的金山实验室之后……

一、初识 3D 打印

小库和小拉来到思睿迪博士的金山创客室，金山创客室墙上挂着一句话：创客——勇于创新，努力将自己的创意变为现实。爸爸向他们介绍了思睿迪博士。小库和小拉一边观察着机器人、仿真模型、设备器材等，一边不停地问着思睿迪博士各种各样的问题。突然，小库和小拉被一排新奇

的设备吸引住了，小库凑近问道："博士，这是什么设备，像春蚕吐丝一样，是在做什么呢？"

小拉兴奋地插话道："这就像挤奶油一样，从尖尖的头中吐出丝，好像在作画。"

思睿迪博士：小拉说得对。这是3D打印机，它确实在作画，而且是立体画。根据电脑上的程序设计，可以做出各种各样你们想要的产品。尖头是3D打印机的喷头，吐出来的是3D打印机使用的材料，叫做聚乳酸（PLA），是一种可降解环保材料。喷头工作时温度有200度，小心，不要去碰它哦。

小库：好神奇啊！这是什么技术？

思睿迪博士：这是3D打印技术，也叫增材制造技术。它是一种以数字模型文件为基础，运用粉末状金属或塑料等可粘合材料，通过逐层打印的方式来构造物体的技术。

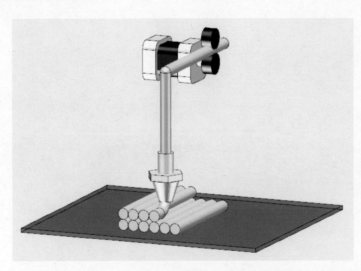

图 1-1-1　熔融沉积（FDM）成型工艺示意图

3D打印中最核心的部分是三维数据，它是构建三维实体的前提。三维数据的获取途径主要有3D建模软件设计、三维扫描和在线3D数字模型库。

图 1-1-2　三维数据获取方式

　　3D 打印机是将固体或液体的材料，通过层层堆叠从而形成实体模型的一种制造设备。在 3D 打印机的帮助下，每个人都有可能将自己的想法"做出来"，以往制作需要非常强的动手能力，如今你只需要借助一些软件和器材即可将你的想法实现。目前，3D 打印已应用在工业、艺术、建筑、机械、医疗、军工和教育等各种领域。

　　小拉指着 3D 打印机旁好多精美的模型说道：这些都是 3D 打印机做出来的啊，好漂亮！

图 1-1-3　3D 打印模型

思睿迪博士：如果你想拥有漂亮的模型，首先需要将自己的想法通过建模软件设计出来，并利用 3D 打印机制作出实物模型，再与电子元器件结合，制作出富有创意的产品。将来你们也可以成为 3D 打印小创客哦。

小库、小拉：博士，博士，我们想学 3D 打印，您可以教我们吗？

思睿迪博士：可以啊，你们有时间、有想法随时可以过来学习，我们要学会运用创新思维，并用 3D 打印技术解决生活中的小问题。

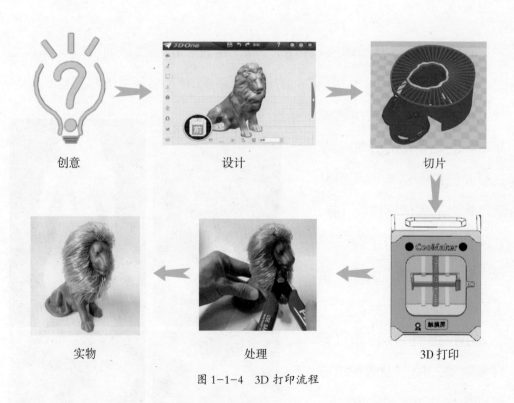

图 1-1-4 3D 打印流程

二、初识三维建模软件

了解 3D 打印技术和 3D 打印流程后，小库和小拉兴奋地跟着博士来到电脑前。

思睿迪博士：我们先来认识一下三维建模软件——3D One。

3D One 软件是一款专门为初学者开发设计的三维建模软件。3D One 具有简洁的界面、强大的功能以及简便的操作模式，能通过简单的二维图形来生成复杂的三维模型，便于学生发散思维，大胆创作。

3D One 软件主要由命令工具栏、主菜单、平面网格、标题栏、资源库、浮动工具栏、帮助等组成，如图 1-2-1 所示。

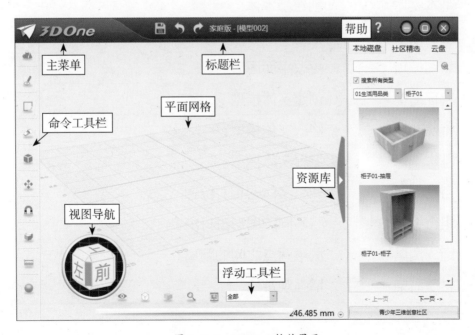

图 1-2-1　3D One 软件界面

（1）主菜单：新建、打开、导入、保存、另存为、导出、退出。命令功能如下表所示。

新建	新建一个建模平台
打开	打开已存档的模型文件
导入	导入第三方文件
保存	把模型保存到本地磁盘或者云端，方便下次调用或修改
另存为	把模型另存为新的文件
导出	导出模型文件，导出的文件格式有多种，但是我们常常只导出 STL 文件格式，供 3D 打印机使用
退出	退出 3D One 软件

（2）标题栏：显示当前编辑的模型名称。

（3）命令工具栏。

基本实体	创建基本体
草图绘制	创建平面图形
草图编辑	更改平面图形
特征造型	创建实体模型
特殊功能	修改实体模型
基本编辑	编辑实体模型
自动吸附	调整实体的相对位置
组合编辑	将不同的图形进行组合
距离测量	测量两点之间的距离
材质渲染	增强观赏性

（4）平面网格：创建实体模型的平台，可以借助平面内的网格快速捕捉模型位置，每个小方格边长为 5 mm，可大致了解模型的长度和宽度等。

（5）视图导航：用于指示当前视图的朝向，多面骰子的 26 个面 3D One 均支持点击，点击后界面即将视图对正，朝向我们。

（6）浮动工具栏：包含查看视图、渲染模式、显示／隐藏、整图缩放、3D 打印、过滤器列表。

（7）帮助：提供帮助信息。

博士科普 3D One 软件介绍（详见第五篇）

三、用 3D One 建模

思睿迪博士：可以根据自己想要的造型去建模，"学中做"是不断将我们的想法变为现实作品的过程，那么今天我们就来学习制作一个简易盒子。

1. 绘制圆柱体

【基本实体】🔩 中包含六面体、球体、圆环体、圆柱体、圆锥体和椭球体等 6 个基本几何体，这些基本几何体可以直接调用。

选择命令工具栏上【基本实体】🔩 中的【圆柱体】🛢，任意单击网格平面，平面上就会出现一个圆柱体，如图 1-3-1 所示。

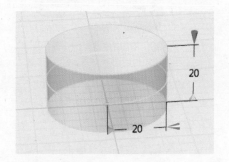

图 1-3-1　绘制圆柱体

小库：这个圆柱体大小不是我们想要的，怎么变大呢？

思睿迪博士：鼠标点击图中的数字，在数值框中输入我们需要的尺寸，按回车键确认，如图 1-3-2 所示。记住，数值的单位默认是 mm。

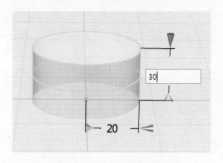

图 1-3-2　修改圆柱尺寸

小库：那半径要 20 mm，高度要 30 mm。

修改后，单击左上角的对话框（如图 1-3-3）中的确定 ✅ 命令，完成圆柱体的绘制。

图 1-3-3　圆柱体对话框

小拉：盒子中间部分是空的，我们刚才画的圆柱体是实心的，怎么修改呢？

思睿迪博士：我们来学习【抽壳】 工具，它可以将模型挖空。

2. 抽壳

选择【特殊功能】 中的【抽壳】 ，左上角对话框中的"造型 S"是需要抽壳的模型，这里选择圆柱体。"厚度 T"填 -2，负号表示内部挖空后，模型整体大小不变；数字 2 表示挖空后壁的厚度。"开放面 O"是要去除的面，选择如图 1-3-4 所示箭头指向的面，结果如图 1-3-5 所示。

图 1-3-4 选择开放面

图 1-3-5 抽壳后图形

3. 保存与导出

原始的三维数据非常重要，可以再次编辑或者直接调用。我们在电脑 D 盘新建一个名称为"3D 模型"的文件夹，然后将做完的模型保存到文件夹里，如图 1-3-6 所示。

小库：博士，保存完就可以打印了吗？

图 1-3-6 保存文件到本地磁盘

9

思睿迪博士：3D 打印机是将材料一层层堆叠起来制作出立体模型，因此模型需要导出 STL 格式，再经过 Cura 软件切片处理，把模型按照轮廓形状切成薄片。

单击菜单栏选择"导出"，在弹出的对话框中把文件命名为"盒子"，保存类型为 STL File，将其保存在 D 盘"3D 模型"文件夹中，如图 1-3-7 所示。

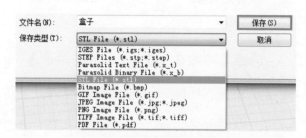

图 1-3-7　导出 STL 格式

4. 模型切片和 3D 打印

思睿迪博士：小库，小拉，现在我们需要打开 Cura 切片软件，把建模好的盒子进行切片处理，再把文件拷贝到 U 盘，最后把 U 盘插到 3D 打印机上，通过操作 3D 打印机打印模型。

博士科普　CURA 切片软件介绍（详见第五篇）

思睿迪博士：打开 Cura 切片软件，如图 1-3-8 所示，单击"文件"，选择"读取模型文件"，或者单击导入图标 （如图 1-3-9），导入需要打印的模型。

图 1-3-8　载入模型

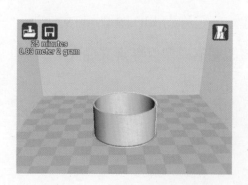

图 1-3-9　Cura 软件中的模型

导入模型后，需要对打印参数进行设置，设置如图 1-3-10 所示。

打印质量

层厚(mm)	0.2
壁厚(mm)	0.8
开启回退	☑

填充

| 底层/顶层厚度(mm) | 1.2 |
| 填充密度(%) | 20 |

速度和温度

| 打印速度(mm/s) | 60 |
| 打印温度(C) | 200 |

（1）

支撑

| 支撑类型 | 无 ▼ |
| 粘附平台 | 无 ▼ |

打印材料

| 直径(mm) | 1.75 |
| 流量(%) | 100.0 |

机型

| 喷嘴孔径 | 0.4 |

（2）

图 1-3-10　参数设置

博士科普 3D 打印操作（详见第五篇）

小库和小拉在思睿迪博士的指导下操作 3D 打印机。二十分钟后，一个立体的盒子出现在 3D 打印平台上。小库和小拉很开心地拿着第一件作品。

小库：博士，我们可以把它带回去给爸爸妈妈看吗？

思睿迪博士：当然可以，就把这当作礼物送给你们吧。

小拉：谢谢博士。

小库和小拉拿着第一件 3D 打印作品，开开心心地回家了。

第二篇　生活小创客

一、简易手机支架

小创客思维

◎ 1. 观察生活 / 发现问题

有了一次愉快的经历，小库和小拉每天都跑去金山创客室。今天小库在实验室拿手机观看 3D 打印的学习视频，时间久了，手举得很酸，他就把手机架在书堆上。刚好小拉在书堆里找 3D 打印的书，她抽出一本书的时候，不小心碰倒了小库的手机。

小库：妹妹，小心点哦。

小拉：哥哥，对不起，我在找 3D 打印的书呢。

小拉很不好意思，低着头拿着书本走开了。正在愁要设计什么作品时，突然灵机一动，为什么不设计个手机支架给哥哥放手机呢。

◎ 2. 趣味生活 / 思考问题

小拉找到思睿迪博士：博士，我想做一个手机支架，请问有什么要求和创意呢？

思睿迪博士：首先我们要了解手机摆放时的倾斜角度，接着测量手机尺寸。至于创意嘛，认真观察键盘上的字母"L"，是不是有个"靠背"呢？

小拉："L"字母长长的部分可以支撑手机，前面的小勾可以防止手机下滑，我可以依照这个形状做一个手机支架送给哥哥。

思睿迪博士：认真观察身边的事物，我们就有可能找到解决问题的办法。

◎ 3. 创客生活 / 解决问题

要架住手机就要设计出三个面，底面作为平台，前面顶住不让手机滑走，背面支撑住不让手机倒下，然后根据手机的尺寸和放置时的倾斜度，确定"L"形手机支架各部分的大小，还可以在手机支架上添加文字哦。

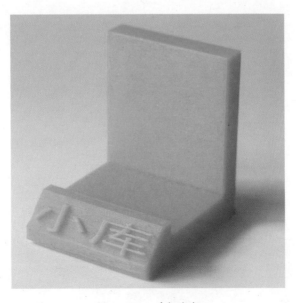

图 2-1-1　手机支架

小拉按照博士讲述的制作方法和思路，立刻开始制作。

◎ 1. 简易手机支架产品包

材料：PLA 3D 打印耗材。

设备：电脑（安装 3D One 建模软件与 Cura 切片软件）、FDM 3D 打印机。

工具：铲刀、直尺。

◎ 2. 方案设计

用直尺测量一部 5 寸屏的手机，尺寸为 150 mm×70 mm×7 mm。手机倾斜放置时，为了避免手机滑落，需要在前端设计一个台阶；为了能够让手机横向和纵向放置，并根据手机放置的倾斜程度，测量出底座的长度和靠背的高度。为了体现定制化，在合适的位置写上小库的名字。

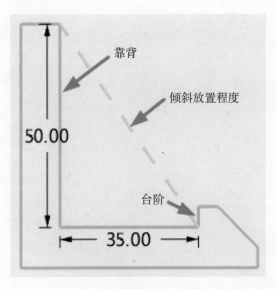

图 2-1-2　手机支架设计图

◎ 3. 三维建模和 3D 打印

本案例中使用的命令及操作：

★ 创建草绘对象，学会使用多段线。

★ 按照产品尺寸要求，绘制封闭的二维草图。

★ 根据操作视角的不同，学会使用视图命令。

★ 学会使用拉伸命令。

3.1 绘制二维草图

在左下角视图立方体上单击屏幕"上"，将视图切换到上视图，如图 2-1-3 所示。

选择【草图绘制】 中的【多段线】工具，鼠标左键单击网格平面任意位置，确定绘图平面。按照设计图的尺寸画出手机支架的轮廓图形，如图 2-1-4 所示。可以根据网格

图 2-1-3　视图导航

平面中的小方格（每个小方格边长 5 mm）来确定尺寸，从而快速绘制封闭草图。

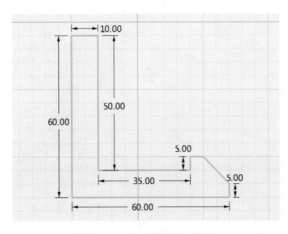

图 2-1-4　手机支架草图

温馨提示：草图必须建立在一个二维平面上，草图平面可以是零件表面，也可以是网格平面。选择草图绘制工具后，必须先确定草图平面，然后才能绘制草图。在绘制草图时，网格平面上的点和网格线为准确快速绘制线段提供了极大的帮助。单击网格的任意点即确定了起始点位置，依次在网格上确定其他点，绘制出简易手机支架的轮廓。

3.2 拉伸

绘制的草图为平面，3D 打印机无法识别，我们需要应用【特征造型】中的工具将平面图形转变为三维实体造型。

（1）选择【特征造型】中的【拉伸】工具，此时会自动退出草图模式，手机支架轮廓图内部充满颜色，如图 2-1-5 所示。

（2）鼠标左键单击着色的草图，通过拖拽"10"处的智能操作手柄，调节拉伸高度，也可以点击数值（默认 10 mm），在数值框中输入 50，如图 2-1-6 所示，按回车键确定。

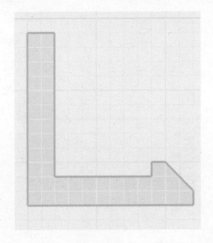

图 2-1-5　封闭的二维图

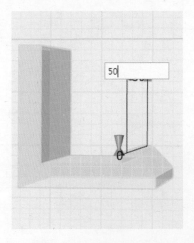

图 2-1-6　拉伸示意图

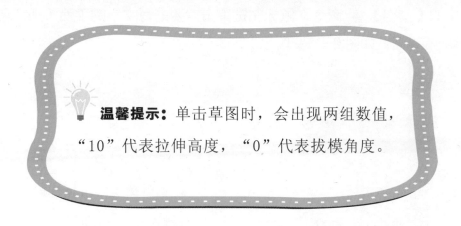

温馨提示： 单击草图时，会出现两组数值，"10"代表拉伸高度，"0"代表拔模角度。

（3）点击左上角拉伸对话框（如图 2-1-7）中的" "，完成拉伸操作，形成的立体图如图 2-1-8 所示。

图 2-1-7　拉伸对话框

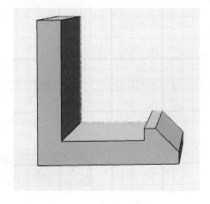

图 2-1-8　拉伸后的三维立体图

3.3 个性签名

小拉：博士，怎么在手机支架上写字呢?

思睿迪博士：在模型上写字的操作和绘制草图一样，文字只能够书写在平面上，可通过【拉伸】变为实体。

调整视图，让手机支架要写字的那面面向我们。选择左侧组【草图绘制】

 中的【文字】▲命令，鼠标左键单击需要书写文字的平面（即红色线条围成的平面，如图 2-1-9 所示）。

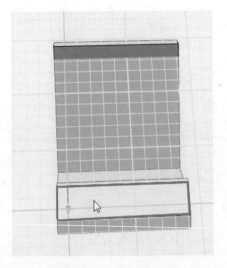

图 2-1-9　选择草图平面

温馨提示：可按住鼠标右键不放，移动鼠标，快捷改变查看视角。

　　先在"文字"栏中输入"小库"（即要显示的文本），"字体"选择黑体，"样式"选择常规，"大小"为 8，然后点击"原点"文本框，用鼠标单击红色线段中间，确定摆放位置，如图 2-1-10 所示。

　　点击标题栏下的退出草图 ✅ 命令。

原点	-3.428,-10.714
文字	小库
字体	黑体
样式	常规
大小	8

图 2-1-10　文本编辑对话框

小拉：博士，我发现文字有一小部分不在平面上（如图2-1-11），怎么把它移动到平面内？

思睿迪博士：使用【基本编辑】中的【移动】工具，选择"动态移动"功能，拖动红色箭头往橙色箭头方向移动2 mm，如图2-1-12所示。

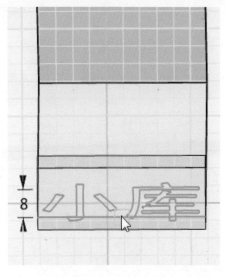

图2-1-11 摆放文字

因为我们书写的文字是平面的，3D打印机无法识别，所以要使用【特征造型】中的【拉伸】工具，将平面的文字变为立体的，拉伸高度为1 mm，完成的模型如图2-1-13所示。

先保存模型，并命名为"手机支架.Z1"，以便更改调用。再导出STL文件，进行切片处理和打印。

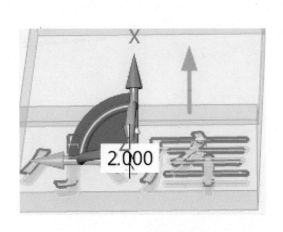

图2-1-12 动态移动文字

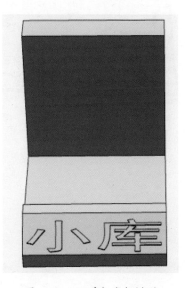

图2-1-13 手机支架模型

3.4 切片参数设置

这个模型非常规则和平整，不需要进一步调整模型的摆放位置。

参数不需要调整，按照前面设置好的参数进行打印。

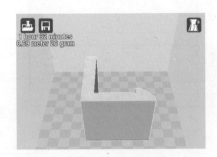

图 2-1-14 导入模型

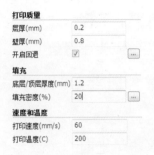

图 2-1-15 参数设置

博士的话 创新小方法——仿一仿：通过模仿其他物品的形状、结构、色彩、功能等来进行创造。手机要摆在桌上看视频，刚好双手又要做其他事情，我们就使用"仿一仿"的方法，模仿字母"L"的形状和结构，设计并制作出一个简易的手机支架。

二、手动挤牙膏器

◎ 1. 观察生活 / 发现问题

小库昨晚收到了小拉送的手机支架，非常开心，清晨起来看到小拉：妹妹，谢谢你，这下子我看视频就能解放双手啦。

小拉正要刷牙，应了一声：哥哥，帮我个忙，这个牙膏快用光了，帮我把牙膏都挤出来。

小库接过牙膏，发现快用光的牙膏很难挤出来，费了好大的劲才勉强挤了一点递给小拉。

◎ 2. 趣味生活 / 思考问题

小库想，这个问题应该每个人都会遇到，问题该怎么解决呢？小库带着问题去金山创客室找思睿迪博士。

思睿迪博士：因为我们用手挤压，挤压的面积太小，无法轻易将里面的所有牙膏挤出，我们可以从增加挤压面的方法入手，设计一个长方形的缝隙，将牙膏壳从尾部塞入，往出口方向挤压。

听完博士的话，小库有了想法。

◎ 3. 创客生活 / 解决问题

根据牙膏的大致宽度和厚度，设计挤牙膏器的尺寸，再设计一个漂亮的外形，小拉肯定会喜欢的。

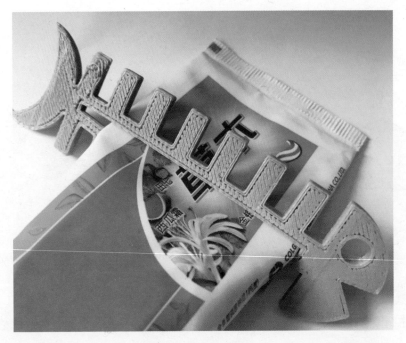

图 2-2-1　挤牙膏器

小库找来一支牙膏，立马投入到制作中。

◎ 1. 挤牙膏器产品包

材料：PLA 3D 打印耗材。

设备：电脑（安装 3D One 建模软件与 Cura 切片软件）、FDM 3D 打印机。

工具：铲刀、直尺。

◎ 2. 方案设计

挤牙膏器最重要的部分是挤压口，其尺寸需要根据牙膏的具体尺寸确

定。为了更好地塞入牙膏壳并挤出牙膏，将挤压口的两个表面倾斜处理，即挤压口由宽变窄。

测得一支 140 g 牙膏的宽度和厚度分别为：55 mm 和 1 mm，小拉喜欢吃鱼，小库想设计一个小鱼儿形状的挤牙膏器送给小拉。

◎ 3.三维建模和 3D 打印

本案例中使用的命令及操作：

★ 能够按照产品尺寸要求，绘制封闭的二维草图。

★ 学会使用圆弧、直线、圆形和矩形命令。

★ 学会使用修剪命令对草图进行修改。

★ 学会使用镜像和阵列命令，省时省力构建对称模型。

★ 学会使用倒角命令，对实体模型进行编辑。

★ 学会使用偏移曲线命令。

在左下角视图导航立方体上单击"上"，将视图切换到上视图。用【草图绘制】🖌 中的【矩形】▭ 工具画一个长为 70 mm、宽为 8 mm 的长方形，如图 2-2-2 所示。

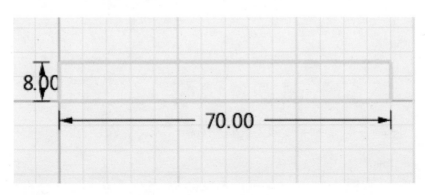

图 2-2-2　绘制矩形

选择【草图编辑】▢ 中的【偏移】↙ 工具，弹出的对话框如图 2-2-3 所示。依次单击矩形的 4 条边，"距离"输入 3.1，并将"翻转方向"打钩，结果如图 2-2-4 所示。

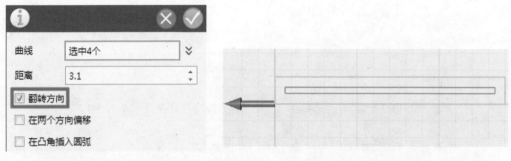

图 2-2-3　偏移对话框　　　　　　图 2-2-4　偏移后图形

选择【草图绘制】✐ 中的【圆形】⊙ 工具，在大矩形的左右两边的中点处各画一个半径为 15 mm 的圆形，如图 2-2-5 所示。

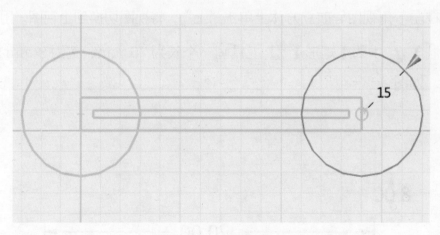

图 2-2-5　绘制两个圆形

24

鼠标选中右侧圆中的橙色直线（如图 2-2-6 所示红色箭头指示的线段），并向右边拖动 3 个网格，如图 2-2-7 所示。

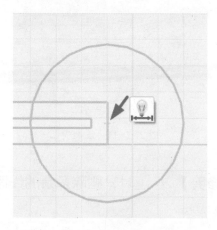

图 2-2-6 选择直线

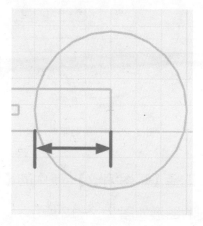

图 2-2-7 移动 3 个网格

用【圆弧】⌒ 工具在右侧圆中画条圆弧作为鱼尾巴（如图 2-2-8）。用【直线】＼ 工具在左侧圆中画条直线，如图 2-2-9 所示。

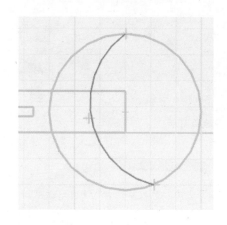

图 2-2-8 绘制圆弧

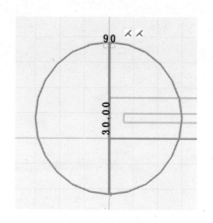

图 2-2-9 绘制直线

用【圆形】⊙ 工具在左侧圆中画出鱼眼睛，圆形半径为 3 mm，如图 2-2-10 所示。用【直线】＼ 工具画出鱼嘴巴，如图 2-2-11 所示。

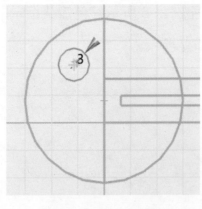

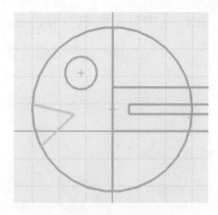

图 2-2-10　绘制眼睛　　　　　　　　　　　图 2-2-11　绘制嘴巴

选择【草图编辑】 中的【单击修剪】 工具，删除多余的线段，得到的图形如图 2-2-12 所示。

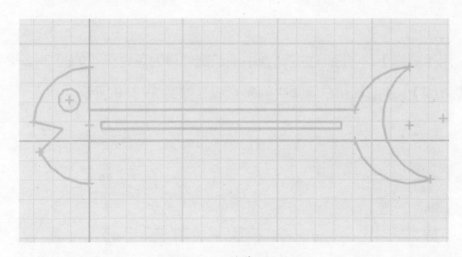

图 2-2-12　修剪后的图形

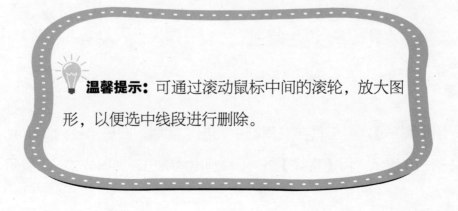

温馨提示：可通过滚动鼠标中间的滚轮，放大图形，以便选中线段进行删除。

选择【矩形】□ 工具，画一个长为 10 mm，宽为 5 mm 的矩形作为鱼骨架，如图 2-2-13 所示。

选择【基本编辑】✛ 中的【阵列】▦ 工具，弹出的阵列对话框如图 2-2-14 所示。单击鱼骨架的 3 条线段，"基体"会自动填入 3 条线段的信息，"方向"选择红色的线（鼠标单击红色线的左侧，使得箭头向右，如图 2-2-15 所示），"数目"为 7，"间距距离"为 10，其余不修改。

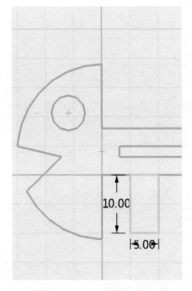

图 2-2-13　绘制鱼骨架

图 2-2-14　阵列对话框

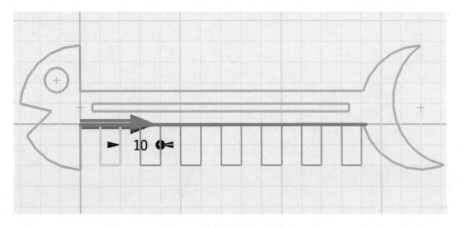

图 2-2-15　绘制矩形阵列

27

小库：博士，另外一边也需要 7 个小矩形作为鱼骨架，还是用相同的办法吗？

思睿迪博士：当然可以，但是有更快的方法。这和我们照镜子一样，镜子可以照出一个相同的自己，软件中的【镜像】⚠ 工具，可以快速地映射出相同的鱼骨架。

先使用【直线】◟ 工具，在小矩形中间画一条水平的直线，作为镜像线（即镜子），如图 2-2-16 所示。

图 2-2-16　画镜像线

选择【基本编辑】✥ 中的【镜像】⚠ 工具，"实体"为 7 个鱼骨架，"镜像线"为前一步画的直线，结果如图 2-2-17 所示。

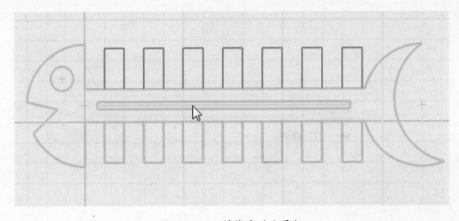

图 2-2-17　镜像出的鱼骨架

温馨提示：选择实体时可以按住鼠标左键并移动框选 7 个鱼骨架，快速地选中全部。

选择【单击修剪】 工具删除多余的线段，结果如图 2-2-18 所示。

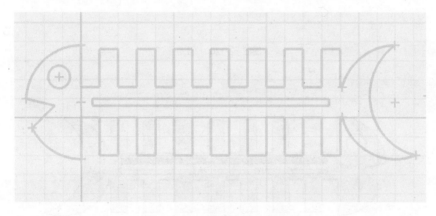

图 2-2-18 修剪后的小鱼图形

选择【特征造型】 中的【拉伸】 工具，将平面的小鱼转变为立体的，拉伸厚度为 3 mm。结果如图 2-2-19 所示。

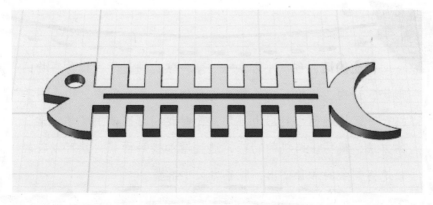

图 2-2-19 拉伸后的小鱼模型

为了牙膏能够方便地放入挤压口，用【特征造型】 ✂ 中的【倒角】

🖌 工具，分别将挤压口的两边扩大 1.5 mm（如图 2-2-20），最后的模型如图 2-2-21 所示。

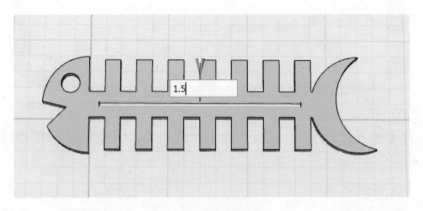

图 2-2-20　倒角

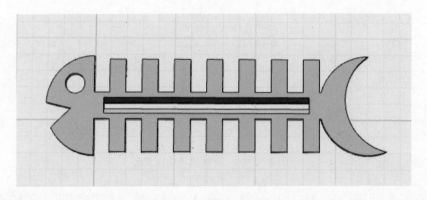

图 2-2-21　挤牙膏器模型图

保存源文件和导出 STL 格式文件，最后进行切片和 3D 打印。

博士的话　创新小方法——学一学：通过学习模仿事物的形状、结构、规格、功能等来进行创新。本案例中，由于用手挤牙膏，接触面小且用力不均，此时我们可以使用"学一学"的方法，模仿压路机的功能，通过增加接触面积，就可以较轻松地将剩余的牙膏挤出，既省力又不浪费。

三、创意小风扇

◎ 1.观察生活 / 发现问题

暑假期间，小库和小拉经常往金山创客室学习，炎炎夏日走在路上总是满头大汗。

◎ 2.趣味生活 / 思考问题

小库灵机一动，跟小拉说：这么热的天气来来回回，我们可以设计一个小风扇解决酷暑难耐的问题。

小拉：好主意，我们去问问思睿迪博士，然后一起设计。

他们来到金山创客室向思睿迪博士讲述遇到的问题和想法。

思睿迪博士：我给你们介绍下风扇的构造、原理，然后你们自己设计一款迷你的小风扇。

◎ 3.创客生活 / 解决问题

思睿迪博士：想要制作一款创意小风扇，我们要先观察风扇的结构。

思睿迪博士向小库和小拉详细地讲解风扇构造图（如图 2-3-1），小库

后盖网　风叶　电机　框架　导风轮　装饰盖

图 2-3-1　风扇构造

和小拉认真地学习。

小拉：风扇通过风叶转动而产生风。

思睿迪博士：没错，常用的电风扇主要由外盖框架、风叶和电机组成。通过对风扇结构的观察，我们就有了初步的设计方案：选用电池带动马达转动，连接扇叶使之旋转产生风。

小库：那我们今天就一起来制作小风扇吧！

图 2-3-2　创意小风扇

思睿迪博士：你们根据风扇的构造和原理来制作吧。

小库：好啊，小拉，先来分析下制作所需的配件和流程吧。

◎ 1.创意小风扇产品包

材料：PLA 3D 打印耗材、细电线、单节电池盒、10 mm×15 mm

船型开关、五号电池、马达、风扇叶片。

设备：电脑（安装 3D One 建模软件与 Cura 切片软件）、FDM 3D 打印机。

工具：铲刀、电烙铁、热熔胶枪、剥线钳、钳子、锉刀。

◎ 2. 方案设计

小风扇工作原理：通过控制开关，电池连接电线把电传到马达，马达转动带动扇叶旋转产生风。建模并 3D 打印出框架，再把电路连接好装配到框架上。

图 2-3-3　原理图

（1）电池座、开关和马达的电路连接如图 2-3-4 所示。

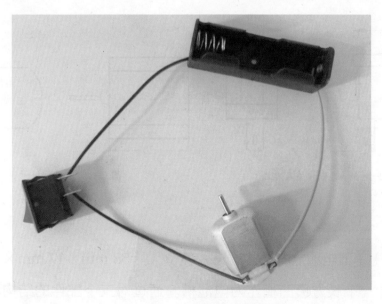

图 2-3-4　电路连接示意图

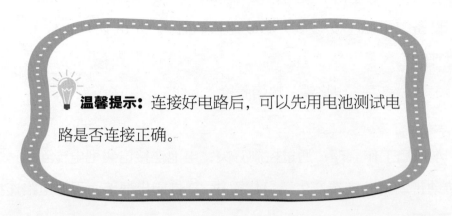

温馨提示：连接好电路后，可以先用电池测试电路是否连接正确。

（2）船型开关的尺寸：长×宽×高=16.5 mm×15 mm×10 mm，如图2-3-5所示。根据开关的形状，可以做一个矩形槽放置开关。

（3）马达尺寸如图2-3-6所示，为简便操作，将马达槽设计成圆形。由于打印存在精度误差，画直径为20.6 mm的圆。

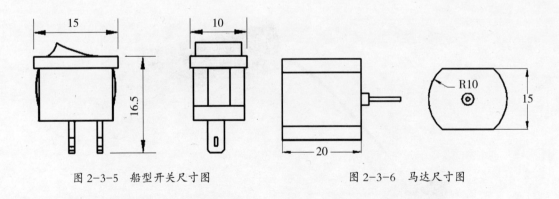

图2-3-5　船型开关尺寸图　　　　图2-3-6　马达尺寸图

（4）单节电池盒的尺寸：长×宽×高=58 mm×17 mm×14 mm，可以设计一个长方形凹槽作为电池槽。通过对三个部件的结构和空间的

合理利用，可以画出如图 2-3-7 所示的风扇支架的草图。

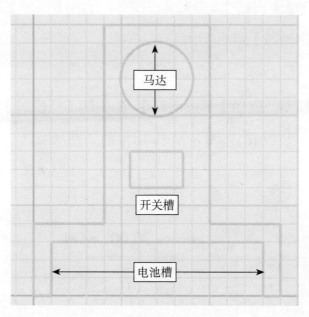

图 2-3-7　风扇支架的设计草图

◎ 3. 三维建模和 3D 打印

本案例中使用的命令及操作：

★ 创建草绘对象，通过拉伸功能创建实体。

★ 学习布尔运算，合理利用布尔运算编辑实体模型。

★ 学习偏移曲线，快速绘制等壁厚的实体。

★ 学会结合使用吸附和移动命令。

　　本案例风扇的制作涉及电路的串联和接线处的焊接，建模部分涉及的功能有【草绘】、【拉伸】和【布尔运算】。风扇的支架主要由开关槽、

马达槽和电池槽三个部分构成。由于每个部分不是标准的基本体，我们可利用草绘中的【多段线】功能绘制出轮廓，再用【拉伸】功能构建实体，最后利用【布尔运算】组合实体。

3.1 根据测量的尺寸绘制风扇支架

切换到上视图。选择【草图绘制】 中的【多段线】 和【圆形】 工具，按照尺寸画出如图 2-3-8 所示的二维草图。

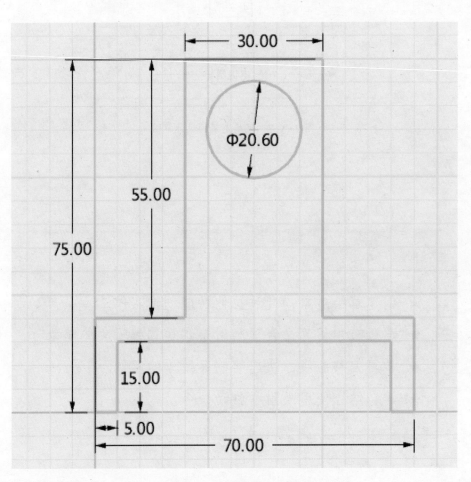

图 2-3-8　绘制风扇支架草图

选择【特征造型】 中的【拉伸】 工具，将草图拉伸 25 mm。
拉伸后的图形如图 2-3-9 所示。

图 2-3-9　拉伸后的支架图形

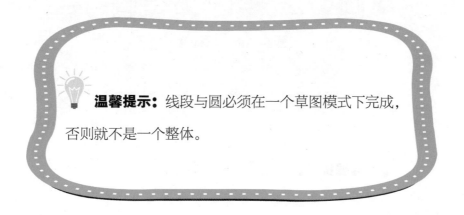

温馨提示：线段与圆必须在一个草图模式下完成，否则就不是一个整体。

3.2 编辑实体

小拉：博士，这个模型中马达槽的厚度是 25 mm，我测量了马达的
长度，只有 20 mm 呢。

思睿迪博士：实际上我们按照马达的尺寸要求，马达槽所在支架的厚度只需要 20 mm，那么需要将马达支架的厚度改小。

选择【草图绘制】 中的【直线】 工具，在如图 2-3-10 所示的马达支架表面点 1 到点 2 处画一条直线，画完后点击标题栏下的 ，退出草图编辑模式。

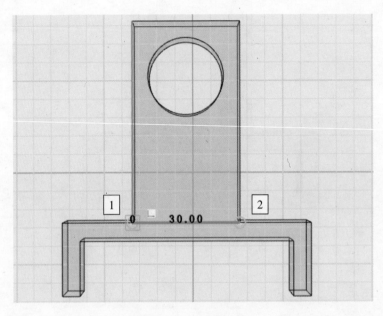

图 2-3-10 绘制直线

💡 **温馨提示：** 使用【草图绘制】中的工具时，要先选中操作平面，操作平面就是网络平面所在位置。网络平面是随着鼠标位置改变的。如果鼠标移到平面上，则操作平面会和网络平面重合；如果是曲面，则操作平面在鼠标所在点位置的相切平面上。

选择【特殊功能】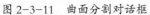 中的【曲面分割】 ◈ 工具，弹出的曲面分割对话框如图 2-3-11 所示，"面"为整个支架表面，"曲线"为刚才画的直线，如图 2-3-12 所示。

图 2-3-11　曲面分割对话框

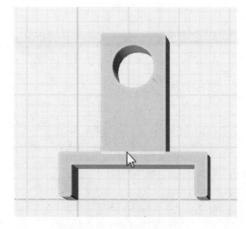

图 2-3-12　选择分割线

小拉：曲面分割的作用是什么?

思睿迪博士：曲面分割是将一个面分割成多个，然后我们就可以单独对其中一个面进行编辑了。

选择【拉伸】 命令，将如图 2-3-13 所示的橙色面拉伸 5 mm，在如图 2-3-14 所示的拉伸对话框中选择【减运算】 ◈ ，将马达支架部分的厚度变薄。

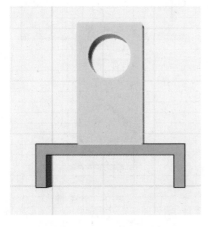

图 2-3-13　选择拉伸面

图 2-3-14　减运算

轮廓 P　f17

拉伸类型　1 边

方向

子区域

将视图切换到下视图，选择【矩形】□工具，鼠标左键单击支架背面（如图 2-3-15），从而确定绘制开关槽的平面。绘制一个长 × 宽 =15 mm × 10 mm 的矩形，如图 2-3-16 所示。

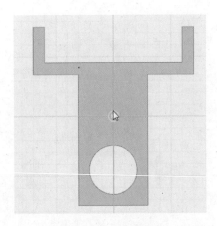

图 2-3-15　支架背面

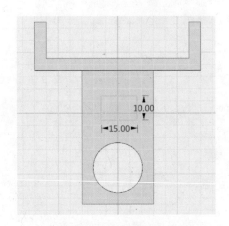

图 2-3-16　绘制矩形

使用【拉伸】命令，将矩形向支架内侧拉伸 18 mm，如图 2-3-17 所示；在左上角的对话框中选择【减运算】，得到的开关槽如图 2-3-18 所示。

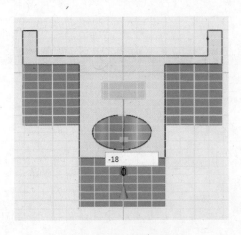

图 2-3-17　拉伸矩形

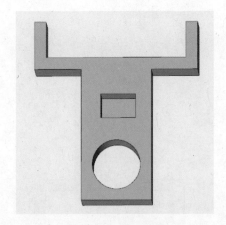

图 2-3-18　开关槽

将视图切换到前视图，如图 2-3-19 所示。

图 2-3-19　风扇支架前视图

选择【草图绘制】✏️ 中的【圆形】⊙ 工具，在支架底面画一个直径为 6 mm 的圆形，如图 2-3-20 所示。

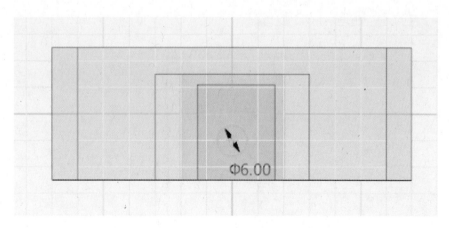

图 2-3-20　绘制直径 6mm 的圆形

选择【拉伸】🔩 工具，在对话框中选择【减运算】◆，将绘制好

的圆形向马达槽方向拉伸 40 mm，如图 2-3-21 所示。

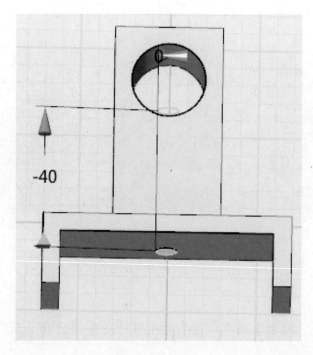

图 2-3-21　拉伸

完成的风扇支架立体图如图 2-3-22 所示。保存源文件和导出 STL 格式，进行切片处理和 3D 打印。

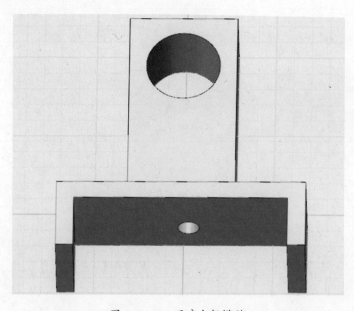

图 2-3-22　风扇支架模型

◎ 4.组装

（1）用剥线钳将电线的绝缘层剥离，如图2-3-23所示。

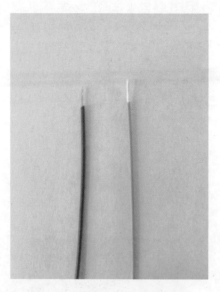

图2-3-23　剥离电线绝缘层

（2）将电池盒的电线从圆孔穿过，一根到马达槽，一根到开关槽。

再取一根电线，两头分别从马达槽和开关槽穿出，如图2-3-24所示。

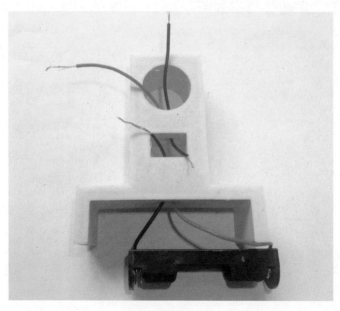

图2-3-24　布线

（3）将电池盒的一根电线连接马达，一根连接开关；再用另一根电线将马达和风扇连接。注意先通电检查风扇是否为吹风，从而判断电路连接是否正确，最后用电烙铁将连接处焊接，如图2-3-25所示。

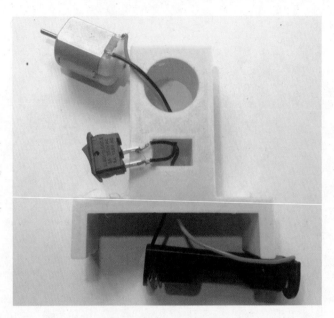

图 2-3-25　连接电路

（4）将开关、马达和电池盒分别安装在特定的位置，并使用热熔胶枪进行固定，如图2-3-26所示。

图 2-3-26　固定各部件

44

（5）将风扇叶片安装到马达转轴上，完成的迷你风扇如图 2-3-27 所示。

图 2-3-27 安装风扇叶

博士的话 创新小方法——减一减：把事物的体积减少一点，重量减轻一点，便于携带或使用。电风扇已经是日常生活中常见的家电了，想要把电风扇随身携带，我们就使用"减一减"的方法，参照电风扇的结构原理，模仿制作一个缩小版的创意小风扇。

第三篇　文艺小创客

一、迷你花瓶

小创客思维

◎ 1.观察生活 / 发现问题

妈妈给小拉买了一个新书桌，小拉非常开心，想好好地装饰一下。她心想要是能放一个花瓶就好了，但是桌面太小，放不下花瓶该怎么办呢？

◎ 2.趣味生活 / 思考问题

小库看到小拉有了新书桌，但还是闷闷不乐，就问道：妹妹，这个桌子比原来那张漂亮多了，你怎么还闷闷不乐呢？

小拉：新书桌有点小，花瓶放不下。

小库：我们可以用 3D 打印机做一个小小的花瓶，不就解决问题啦。

◎ 3. 创客生活 / 解决问题

思睿迪博士：孩子们，你们又来学习啦。这次想做点什么呢？

小库：博士，我们准备打印一个迷你的花瓶。

思睿迪博士：想在狭小的空间里做装饰吗？我教你们做一个条纹扭曲的花瓶好不好？

小拉：太好了。

图 3-1-1　迷你花瓶

◎ 1. 迷你花瓶产品包

材料：PLA 3D 打印耗材。

设备：电脑（安装 3D One 建模软件与 Cura 切片软件）、FDM 3D 打印机。

47

工具：铲刀。

◎ 2.方案设计

花瓶可以看成是由一个特定的二维草图绕中心轴旋转一圈（360°）而成，因此我们只需要画出二维草图并应用【旋转】命令即可做出封闭的瓶子。应用【抽壳】命令能将瓶子掏空并去除上表面。花瓶外圈的装饰条纹均匀地绕瓶身一圈，因此只需要绘制出一个条纹，运用【圆形阵列】命令让装饰条纹绕瓶身中心轴一圈即复制完成，最后使用【扭曲】命令将条纹扭曲变形。

◎ 3.三维建模和 3D 打印

本案例中使用的命令及操作：

★ 创建草绘对象，通过旋转命令创建实体。

★ 学会使用扭曲命令，将条纹扭曲。

★ 学会使用环形阵列命令，实现快速复制多个实物。

★ 学会使用扫掠命令，将封闭草图沿路径变为实体。

★ 进一步熟练使用多段线、样条曲线、抽壳等命令。

将视图切换到上视图。

选择【草图绘制】中的【多段线】工具，按顺序画出三条直线，长度分别为 15 mm、75 mm 和 25 mm，结果如图 3-1-2 所示。

选择【草图绘制】中的【通过点绘制曲线】命令，用曲线描绘出花

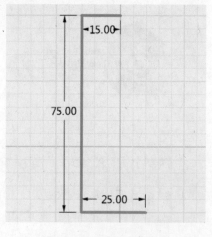

图 3-1-2 绘制三条直线

瓶的外轮廓形状，曲线需将直线段的首尾相连，如图 3-1-3 所示。样条曲线与多段线构成封闭的二维草图。

小库：博士，我们绘制的曲线不像花瓶的形状，每次都得删除再重新绘制，有更好的绘制方法吗？

思睿迪博士：绘制完曲线后，曲线上会有相对应的控制点，可以通过调节控制点的位置改变外轮廓形状。

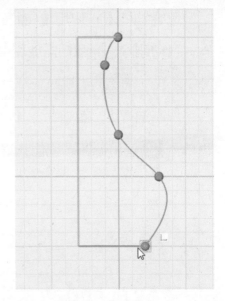

图 3-1-3　绘制曲线

温馨提示： 通过点绘制曲线（样条曲线）顾名思义是通过给定的一组控制点得到一条曲线，曲线的大致形状由这些点控制。样条曲线能够灵活地绘制出复杂的形状，对于绘制不规则轮廓非常方便，通过绘制两点就可以绘制出一条曲线。如图 3-1-4 所示，绘制完样条曲线后，可以通过调整控制点的位置和该点的曲率，从而改变已形成的形状，因此样条曲线被广泛应用于构建曲面。

思睿迪博士：画完花瓶的外轮廓后，需要先复制刚绘制的这条曲线。

小库：为什么要复制呢？复制的曲线有什么用途呢？

思睿迪博士：使用【特征造型】  里的【旋转】工具后，曲线会被软件自动删除，而我们需要用曲线作为引导线画出条纹。

小拉：怎么复制呢?

思睿迪博士：选中曲线，按Ctrl+C键，点击图3-1-5所示的红圈位置，再单击 ✅ 退出草图。记住：这一步只是复制，还没有将曲线粘贴。

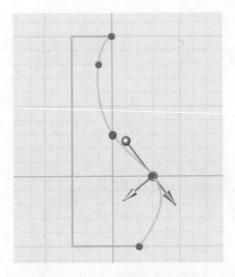

图3-1-4　通过控制点改变曲线

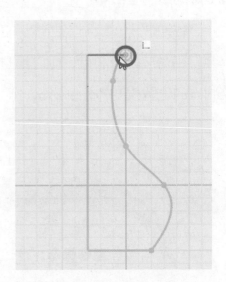

图3-1-5　选择基点

选择【草图绘制】 🖌 中的【矩形】 ▢ 工具，进入草图模式后，点击图3-1-6所示对话框中的" ❌ "，关闭对话框；按Ctrl+V键，将鼠标移到图3-1-7所示红圈处粘贴出曲线。

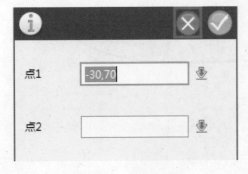

图3-1-6　矩形对话框

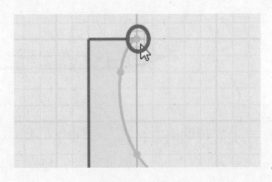

图3-1-7　粘贴

50

　　选择【特征造型】 中的【旋转】 命令，弹出如图 3-1-8 所示的对话框，"轮廓 P"为花瓶截面轮廓（图 3-1-9 的箭头所指示），"轴A"为 75 mm 的线段（如图 3-1-10 所示），其余参数不变。得到的效果如图 3-1-10 所示。

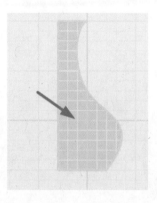

图 3-1-8　旋转命令对话框　　　图 3-1-9　选择轮廓 P　　　图 3-1-10　选择轴 A

　　选择【特殊功能】 中的【抽壳】 命令，弹出如图 3-1-11 所示的对话框，"造型 S"选择花瓶实体，"厚度 T"为 -1.5，"开放面 O"选择瓶口表面，得到的效果如图 3-1-12 所示。

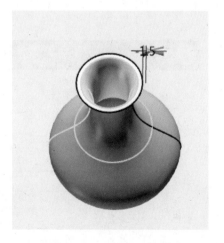

图 3-1-11　抽壳对话框　　　　　　图 3-1-12　花瓶示意图

51

小库：博士，花瓶做好了，现在怎么做条纹呢?

思睿迪博士：接下来需要使用【扫掠】 🖾 工具。

切换到后视图，将瓶口对准屏幕，如图 3-1-13 所示。选择【圆形】 ⊙ 工具，鼠标单击花瓶瓶口，在瓶口左侧绘制一个半径为 2 mm 的圆，如图 3-1-14 所示。

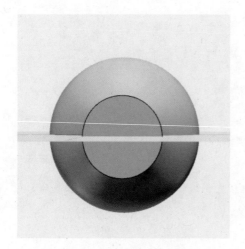

图 3-1-13　花瓶后视图

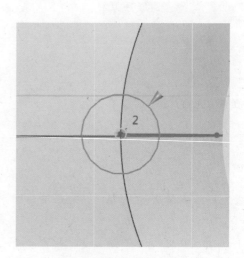

图 3-1-14　绘制圆形

选择【特征造型】 🖾 中的【扫掠】 🖾 工具，弹出如图 3-1-15 所示的对话框，"轮廓 P1"为刚画的圆，"路径 P2"为初始时复制的曲线，如图 3-1-16 所示。

图 3-1-15　扫掠对话框

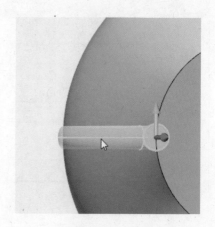

图 3-1-16　扫掠

小库：要做一模一样的圆形条纹，是使用复制的功能吗？

博士：小库真聪明，即学即用。不过这里需要做多个条纹，复制比较慢，用【圆形阵列】 工具能够快速复制出多个。

选择【基本编辑】 中的【阵列】 工具，在如图 3-1-17 所示的对话框中选择【圆形】 。"基体"为圆形条纹，"方向"点击图 3-1-18 所示红色箭头的瓶口边缘，并输入数量9，对话框中选择【添加选择实体】 。

图 3-1-17　阵列对话框

图 3-1-18　环形阵列

选择【特殊功能】 中的【扭曲】 工具，弹出如图 3-1-19 所示的对话框，"造型"为花瓶，"基准面"为瓶口表面（图 3-1-20 所示红色箭头指向），"扭曲角度 T"输入 180。

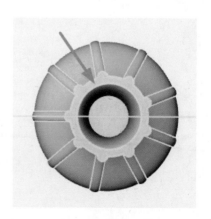

图 3-1-19　扭曲对话框

图 3-1-20　选择基准面

完成扭曲操作，迷你花瓶立体图如图3-1-21所示。保存迷你花瓶源文件，并导出STL格式，进行切片和3D打印。

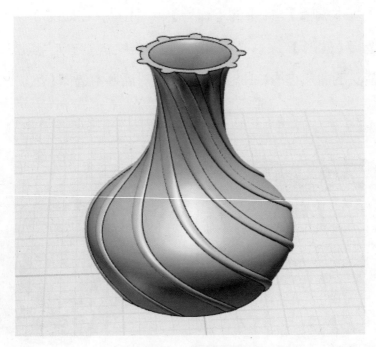

图3-1-21　迷你花瓶模型

博士的话　创新小方法——缩一缩：把物品体积缩小一点，或把长度等缩短一点。如把篮球架"缩一缩"，变成升架式篮球架，大人小孩都能用。家里的花瓶都比较大，我们就使用"缩一缩"的方法，设计一款迷你的花瓶，在房间里摆一束自己喜欢的花。

二、个性浮雕灯

小创客思维

◎ 1.观察生活 / 发现问题

因为妈妈给小拉买了新书桌做礼物,所以小拉也想给妈妈一个惊喜。她去妈妈房间看了看,有台灯、电脑、小夜灯和相框等等。

小拉:哥哥,我们也给妈妈做一个礼物吧。

小库:妈妈房间好像不缺什么东西,我看她还挺喜欢开小夜灯的。

小拉:不如做一个个性的小夜灯吧。

◎ 2.趣味生活 / 思考问题

小库:可是怎么让小夜灯有个性呢?

小拉:我们可以试试把相片和小夜灯结合,做一个个性的照片小夜灯送给妈妈。

小库:那我们去找思睿迪博士。

◎ 3.创客生活 / 解决问题

小拉:博士,我们想做个带有照片的小夜灯送给妈妈,请问该怎么做呢?

思睿迪博士:可以做个照片浮雕灯,它可以通过光线照射投影出照片中的轮

图 3-2-1 个性浮雕灯

廓，还会透出淡淡的光。

◎ 1.个性浮雕灯产品包

材料：PLA 3D 打印耗材，小灯座。

设备：电脑（安装 3D One 建模软件与 Cura 切片软件）、FDM 3D
打印机。

工具：热熔胶枪、铲刀。

◎ 2.方案设计

灯框主要由灯架和灯盖两部分组成。灯盖可以看成是一个规则的长方
体被挖出一个圆孔和方形槽，灯架则由四个相同的固定架和一个梯形台组
成。这两个部分都不存在曲面，只需要应用简单的草图绘制、拉伸和镜像
工具就可以完成。

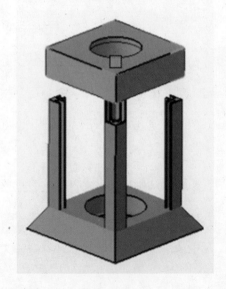

图 3-2-2　灯架设计图

◎ 3.三维建模和3D打印

> **本案例中使用的命令及操作：**
>
> ★ 学会使用拉伸命令中的倾斜功能。
>
> ★ 进一步熟练布尔运算和镜像命令的应用。
>
> ★ 学会应用自动捕捉功能找到中心位置。
>
> ★ 学会使用 Cura 软件将照片转换为三维实体。

3.1 灯盖制作

在一个长方体中挖出一个方形槽和放置小灯的圆孔。圆孔依据小灯的圆形外壳而设计，尺寸大小为小灯座的直径。

选择【基本实体】🔺中的【六面体】🔲工具，画一个长 * 宽 * 高 =63 mm×63 mm×18 mm 的长方体 1（如图 3-2-3）。

绘制一个长方体 2，把它放置在长方体 1 的上表面（如图 3-2-4），

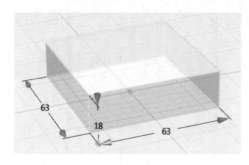

图 3-2-3　长方体 1

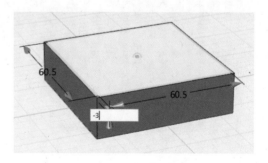

图 3-2-4　绘制长方体 2

两长方体接触面中心重合，输入高度值为 −3，长和宽为 60.5。在左上角对话框（如图 3-2-5）中选择【减运算】◆，这样就得到灯盖雏形（如图 3-2-6）。

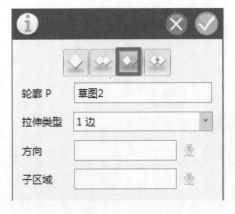

图 3-2-5　选择减运算

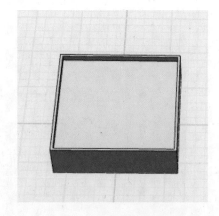

图 3-2-6　灯盖雏形

选择【草图绘制】✏ 中的【圆形】⊙ 工具，鼠标左键单击方形槽表面，如图 3-2-7 所示，确定绘图平面，在方形槽表面中心画一个半径为 20 mm 的圆形（如图 3-2-8）。

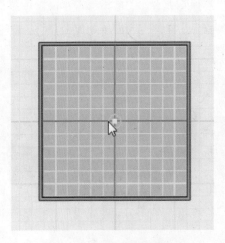

图 3-2-7　选择草图平面

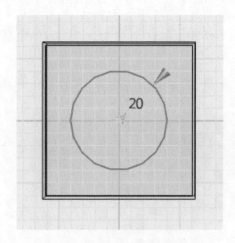

图 3-2-8　绘制圆形

选择【特征造型】 中的【拉伸】 工具，在左上角的拉伸对话框中选择【减运算】 ，将圆形向方形槽内部拉伸 12 mm（或在数值框中

输入 –12，如图 3-2-9 所示），结果如图 3-2-10 所示。

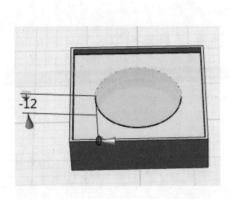

图 3-2-9　拉伸圆形

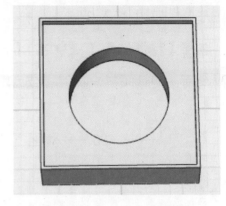

图 3-2-10　圆形凹槽

同前面步骤，画一个半径为 17 mm 的圆形（如图 3-2-11），左上角对话框中选择【减运算】 ，将圆形向方形槽内部拉伸 20 mm（或在数值框中输入 –20，如图 3-2-12 所示）。形成的灯盖如图 3-2-13 所示。

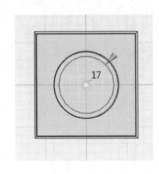

图 3-2-11　绘制圆形

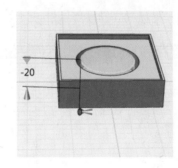

图 3-2-12　拉伸圆形

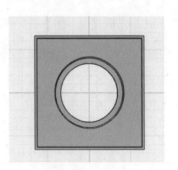

图 3-2-13　灯盖模型

3.2 灯架制作

灯架是由一个梯形台和 4 个照片固定架组合而成，固定架均匀地分布在梯形台的 4 个角落，我们可以应用【镜像】命令快捷复制。

3.2.1 绘制梯形台

选择【草图绘制】🖋 中的【矩形】⬜ 命令，画一个边长为 80 mm 的正方形（如图 3-2-14）。

选择【特征造型】🔧 中的【拉伸】🔨 工具，高度拉伸 18 mm，拖动倾斜箭头使其倾斜 -29°（或者输入 -29），如图 3-2-15 所示。

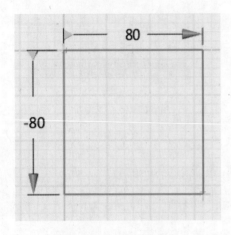

图 3-2-14　绘制正方形

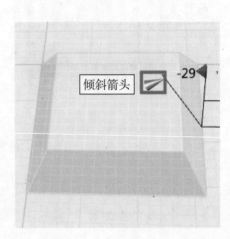

图 3-2-15　拉伸并倾斜

3.2.2 挖灯座孔

选择【圆形】⊙ 工具，鼠标左键单击梯形台表面，确定绘图平面（如图 3-2-16），画一个半径为 20 mm 的圆形（如图 3-2-17）。

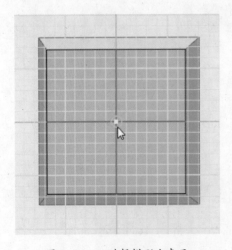

图 3-2-16　选择梯形台表面

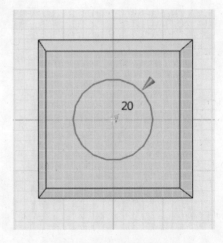

图 3-2-17　绘制圆形

选择【拉伸】 工具，将绘制好的圆形向梯形台内部拉伸 12 mm（或在数值框中输入 −12），在左上角对话框（如图 3-2-18）中选择【减运算】 。形成的凹槽如图 3-2-19 所示。

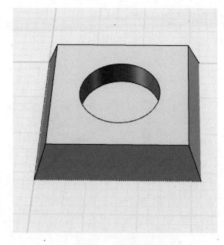

图 3-2-18　选择减运算　　　　　　　　图 3-2-19　图形凹槽

同前面步骤，画一个半径为 17 mm 的圆形（如图 3-2-20），左上角对话框中选择【减运算】 ，将圆形向梯形台内拉伸 20 mm（或在数值框中输入 −20）。完成的灯座孔如图 3-2-21 所示。

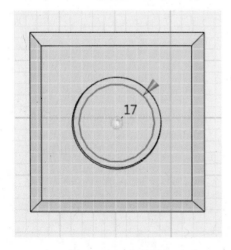

17

图 3-2-20　绘制圆形

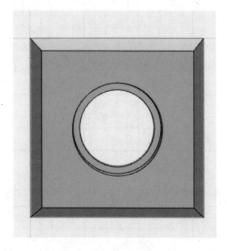

图 3-2-21　灯座孔

3.2.3 绘制照片固定架

选择【多段线】 🔲 工具，鼠标左键单击梯形台表面，确定绘图平面（如图 3-2-22）。

在梯形台外部的网格上绘制如图 3-2-23 所示的草图，单击 ✅ 退出草图编辑状态。

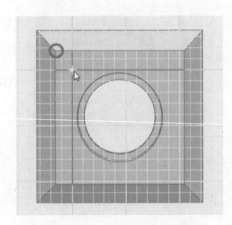

图 3-2-22　选择梯形台表面

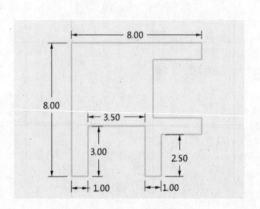

图 3-2-23　固定架草图

选择【基本编辑】 ✛ 中的【移动】 🔲 工具，在弹出的如图 3-2-24 所示的对话框中选择【点到点移动】 🔲，"实体"为画好的草图，"起始点"选择图形左上角的交点（图 3-2-25 所示的红色圆圈），"目标点"

图 3-2-24　点到点移动

图 3-2-25　起始点

选择梯形台上表面左上角的端点（图 3-2-26 所示的红色圆圈）。移动后图形如图 3-2-27 所示。

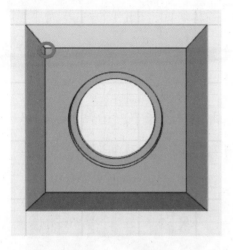

图 3-2-26　目标点

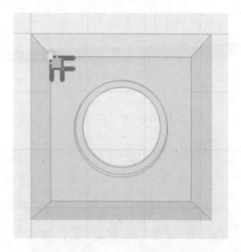

图 3-2-27　移动草图

选择【基本编辑】 ✥ 中的【镜像】 ◭ 工具，弹出如图 3-2-28 所示的对话框，"实体"为前文草图，"方式"选择"线"，"点 1"为梯形台上表面左边边线（如图 3-2-29）的中点，"点 2"为右边边线中点，单击完成镜像。

图 3-2-28　镜像对话框

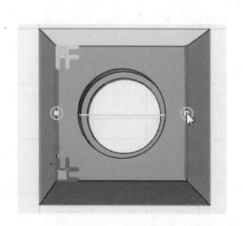

图 3-2-29　上下镜像

小库：博士，怎么确定选中的是中点呢？

思睿迪博士：鼠标放置到边线的中点附近，软件会自动捕捉中点，并且会出现一个小圆圈。

再一次使用【镜像】▲ 工具，"实体"为两固定架，"方式"为"线"，"点1"和"点2"为梯形台上表面上下边线的中点，结果如图3-2-30所示。

选择【拉伸】▣ 工具，在左上角对话框中选择【加运算】◈，分别将4个固定架拉伸72 mm。拉伸后的图形如图3-2-31所示。

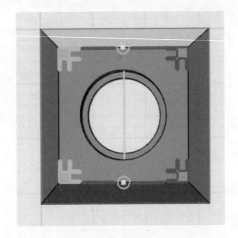

图 3-2-30　左右镜像

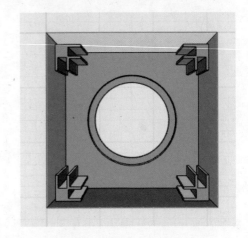

图 3-2-31　灯架模型

保存源文件和导出 STL 格式文件，进行切片和 3D 打印。

3.3 浮雕制作

小库：博士，什么是浮雕？

思睿迪博士：浮雕是雕刻的一种，雕刻者在一块平板上将他要塑造的形象雕刻出来，使它脱离原来材料的平面。简单来说就是在石头、木头、金属等物品上雕刻作画。

小库：那么我们也要在平板上雕刻吗？我和小拉都没学过呢。

思睿迪博士：现在可以通过切片软件直接生成浮雕了，不过首先需要处理照片。

用电脑自带的画图软件打开一张照片，在工具栏中选择"重新调整大小"，如图 3-2-32 所示。

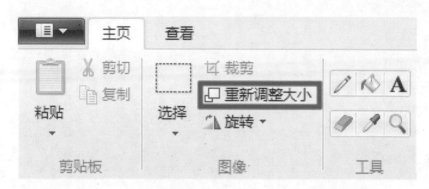

图 3-2-32　重新调整大小

在弹出的如图 3-2-33 所示的对话框中选择"像素"，将"保持纵横比(M)"前面的"√"取消。"水平（H）"输入 175，"垂直（V）"输入 235，保存照片。

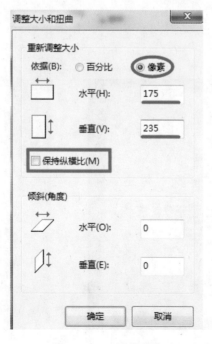

图 3-2-33　调整图片

打开切片软件 Cura，导入照片文件，在如图 3-2-34 所示的对话框中将第一行"Height（mm）"的数值改为 2，其余不变，点击 OK。生成的浮雕如图 3-2-35 所示。

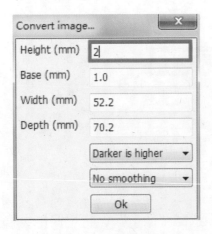

图 3-2-34 调整参数

图 3-2-35 生成浮雕

将浮雕旋转 90 度（竖直放置），切片打印。

◎ 4.组装

在盖子和梯形台圆孔上涂抹热熔胶，如图 3-2-36 所示。

图 3-2-36 涂抹热熔胶

将两个小灯座分别迅速放入圆孔槽中，如图 3-2-37 所示。

 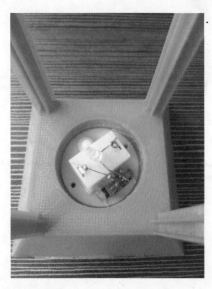

图 3-2-37　放置小灯座

将四片浮雕照片安装在固定架上，如图 3-2-38 所示。盖上盖子，成品如图 3-2-39 所示。

图 3-2-38　安装浮雕照片　　　图 3-2-39　个性浮雕灯

博士的话　创新小方法——改一改：它是对一个物品原来的形状、结构、性能等进行改进，使之出现新的形态、新的功能。我们就使用"改一改"的方法，把照片与小夜灯结合，制成一款个性照片灯，夜间摆在房间里可以当装饰，还可以作为小夜灯使用。

三、录音小礼盒

◎ 1. 观察生活 / 发现问题

再过几天就是小拉的同学小明生日了，小拉想送给他一个既新奇又有意义的礼物，但是想来想去都不知道该送什么好。

◎ 2. 趣味生活 / 思考问题

这时校园广播响起：欢迎收听小海为四年一班班长小君录下的一段节日祝福。小拉想，可以做一个简易的录音播放器当礼物。

她走进了思睿迪博士的创客室，向博士讲述了自己的想法。

◎ 3. 创客生活 / 解决问题

思睿迪博士：这个主意不错呢。我们可以用集成的录音播放芯片来实现这个录音播音的功能，然后借助 3D 打印技术，设计一个生日蛋糕形状的录音机外壳，上面再印上"生日快乐"，是不是能让人眼前一亮呢？

图 3-3-1 录音盒

◎ 1.录音盒产品包

材料：PLA 3D 打印耗材、录音配件。

设备：电脑（安装 3D One 建模软件与 Cura 切片软件）、FDM 3D 打印机。

工具：热熔胶枪。

◎ 2.方案设计

录音小礼盒主要由放置电路板的圆柱槽和盖子组成。第一部分可直接用【圆柱体】绘制，通过【圆柱体】中的【减运算】挖空即可；第二部分绘制草图并拉伸，书写文本进行修饰即可。

首先要测量出录音配件的尺寸，如录音开关、播放开关的尺寸，以及电路板和喇叭的尺寸，根据测量的尺寸进行设计。

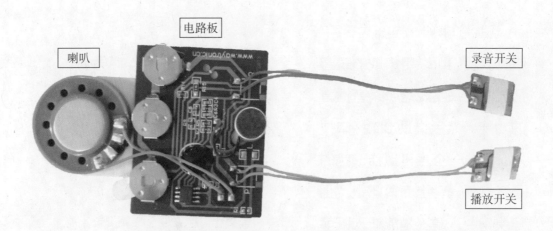

图 3-3-2　录音装置

◎ 3. 三维建模和 3D 打印

本案例中使用的命令及操作:

★ 学会使用修剪命令，完善草图。

★ 学会使用移动中的旋转功能，合理布置文本。

★ 进一步熟悉预制文本工具，对模型进行修饰。

3.1. 圆柱槽绘制

测量得到电路板的尺寸为长 × 宽 =50 mm×40 mm，外形尺寸比较简单，我们可以设计圆柱筒来装电路板。

选择【基本实体】 中的【圆柱体】 工具，绘制半径为 40 mm，高度为 20 mm 的圆柱体 1（如图 3-3-3）。

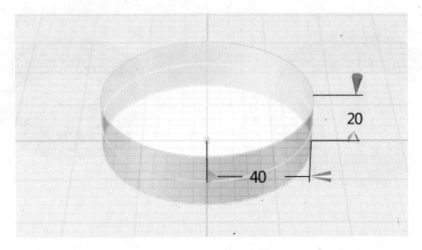

图 3-3-3　绘制圆柱体 1

在圆柱 1 的上表面绘制一个半径为 38.5 mm，高度为 −3 mm 的圆柱体 2（如图 3-3-4），其中心位置与圆柱 1 上表面中心重合，并在左上角

对话框（如图3-3-5）中选择【减运算】 。

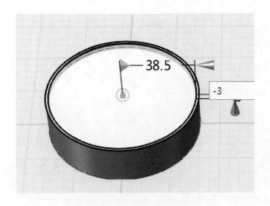

图 3-3-4　绘制圆柱体 2

图 3-3-5　选择减运算

用同样的方法绘制一个半径为 36 mm，高度为 -15 mm 的圆柱体 3（如图 3-3-6），把它放置在圆柱槽上表面中心位置，并在左上角对话框中选择【减运算】 ，得到的圆柱盒如图 3-3-7 所示。

图 3-3-6　绘制圆柱体 3

图 3-3-7　圆柱盒

3.2 录音盒盖子绘制

将视图切换到上视图。选择【草图绘制】 中的【圆形】 工具，

画两个直径分别为 45 mm 和 76.5 mm 的圆形，两圆心重合，如图 3-3-8
所示。

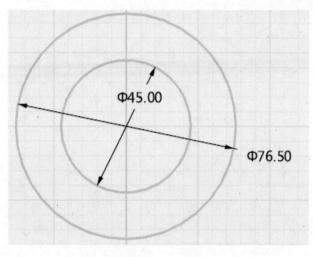

图 3-3-8 绘制圆形

选择【草图绘制】🖌 中的【矩形】🔲 工具，在大圆的左右两侧各画
一个长 × 宽 =5 mm×3 mm 的矩形（如图 3-3-9），其作用是引出录音
开关和播放开关的电线。完成的草图如图 3-3-10 所示。

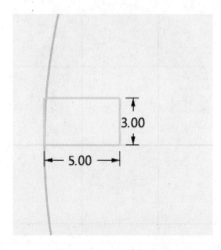

图 3-3-9 绘制长方形

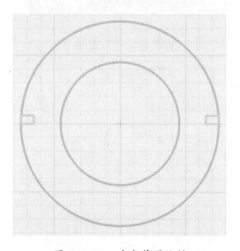

图 3-3-10 完成草图绘制

选择【草图编辑】▭ 中的【单击修剪】▮ 工具，放大图形，将如图 3-3-11所示红色箭头指向的3条线修剪掉，最后的草图如图3-3-12所示。

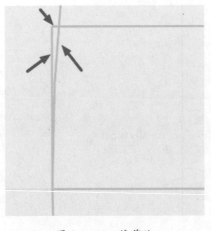

图 3-3-11　修剪处

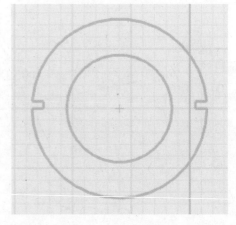

图 3-3-12　圆环草图

选择【特征造型】 中的【拉伸】 工具，拉伸高度为 2 mm，得到的圆环如图 3-3-14 所示。

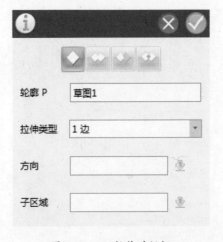

图 3-3-13　拉伸对话框

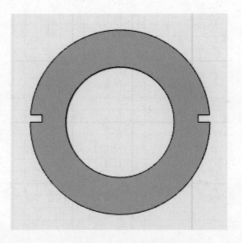

图 3-3-14　拉伸后的圆环

选择【拉伸】 ⬛ 工具，将直径为 45 mm 的圆形（如图 3-3-15 所示的黄色圆形）拉伸 –15 mm，得到的圆柱体如图 3-3-16 所示。

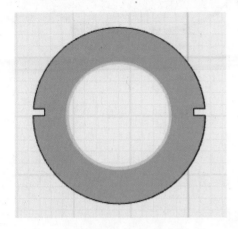

图 3-3-15　选择曲线

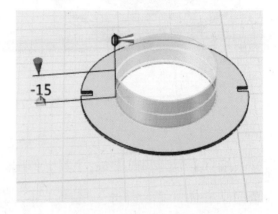

图 3-3-16　拉伸形成的圆柱体

选择【特殊功能】 ⬛ 中的【抽壳】 ⬛ 工具，如图 3-3-17 所示对话框中的"造型 S"选择圆柱体（如图 3-3-18），"厚度 T"输入 2，"开放面 O"为圆柱体的底面（如图 3-3-19 所示黄色的面）。抽壳后的图形如图 3-3-20 所示。

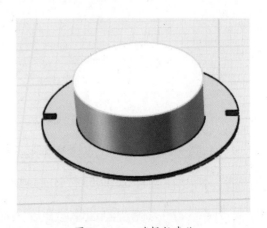

图 3-3-17　抽壳对话框

图 3-3-18　选择抽壳体

图 3-3-19 选择开放面

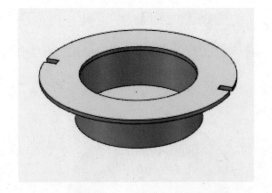

图 3-3-20 抽壳后的图形

选择【组合编辑】 🧊 工具，弹出如图 3-3-21 所示的对话框，"基体"选择圆柱体，"合并体"选择卡环，如图 3-3-22 所示。将圆柱体和后卡环合并在一起。

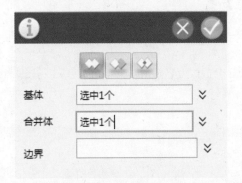

图 3-3-21 组合对话框

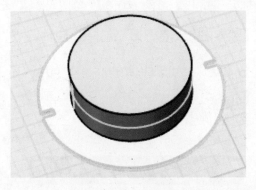

图 3-3-22 组合图形

小拉：博士，喇叭放在哪呢?

思睿迪博士：喇叭放置在刚挖空的圆柱体内部，为了让声音能更好地传播，需要在圆柱体表面挖个比喇叭小点的圆孔。

小拉：那么先要测量喇叭的大小吧。

思睿迪博士：对，孔的直径要比喇叭的直径小 10 mm，方便在内部固定住喇叭。

将视图切换到上视图。选择【草图绘制】 中的【圆形】 工具，鼠标左键单击前一步绘制的圆柱体上表面（如图 3-3-23），在其表面中心绘制一个直径为 20 mm 的圆形（如图 3-3-24）。

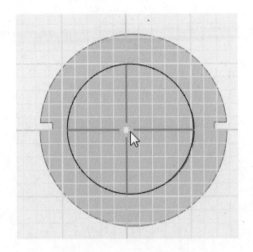

图 3-3-23　选择上表面

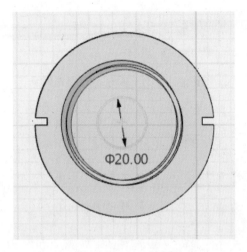

图 3-3-24　绘制圆形

选择【拉伸】 工具，在对话框（如图 3-3-25）中选择【减运算】 ，将圆形向圆柱体内拉伸 2 mm，拉伸后图形如图 3-3-26 所示。

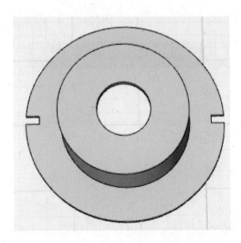

图 3-3-25　拉伸对话框

图 3-3-26　拉伸形成的盖子

3.3 刻字

小拉：博士，请问可以在模型上写祝福语吗？

思睿迪博士：当然可以。

小拉：博士，我发现录音开关和播放开关一样，以后在使用的时候怎么区分呢？

思睿迪博士：观察真细心，我们可以在卡环两侧写上注释。

选择【草图绘制】🖊中的【预制文本】🔺工具，鼠标左键单击前一步绘制的圆柱体上表面，确定要写字的表面（如图 3-3-27）。

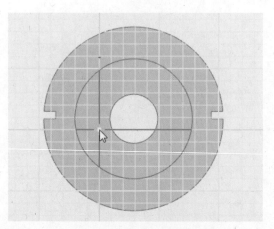

图 3-3-27　选择草图平面

在圆柱体上表面书写"生"字样，对话框（如图 3-3-28）中的"字体"选择黑体，"样式"选择加粗，"大小"选择 8，单击"原点"栏，移动鼠标，将文字放置在圆柱表面下方，结果如图 3-3-29 所示。

原点	-15,27.235	🎤
文字	生	🎤
字体	黑体	▾
样式	加粗	▾
大小	8	▴▾

图 3-3-28　文本对话框

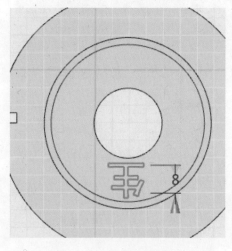

图 3-3-29　书写"生"字

用同样的方法在圆柱体表面左侧写"日"字，上方写"快"字，右侧写"乐"字，结果如图3-3-30所示。点击标题栏下的 ✔️ ，完成文本的书写。

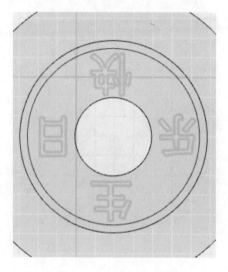

图 3-3-30 书写祝福语

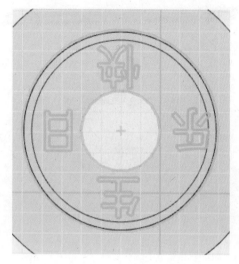

图 3-3-31 文本限制区域

温馨提示： 可先设置好全部内容，再将文字移到合适的位置，注意不要超出如图 3-3-31 所示的黄色的圆形区域。

选择【基本编辑】✛ 中的【移动】🔲 工具，在对话框中选择【动态移动】🔲 ，"实体"为"生日快乐"文本，拖动蓝色半圆环，如图 3-3-32

所示，将文字旋转 180 度。若文字偏移出圆形，可以通过【移动】工具调整到合适位置，结果如图 3-3-33 所示。

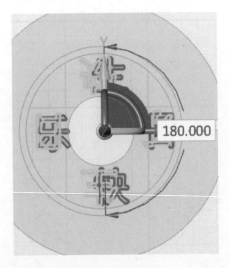

图 3-3-32　旋转文本

图 3-3-33　调整文本位置

选择【拉伸】 工具，拉伸高度为 1mm，并在对话框（如图 3-3-34）中选择【加运算】 ，将文字拉伸。结果如图 3-3-35 所示。

图 3-3-34　选择加运算

图 3-3-35　拉伸后图形

80

选择【草图绘制】 中的【预制文本】 工具，鼠标左键单击卡环上表面，确定写字的平面（如图3-3-36）。

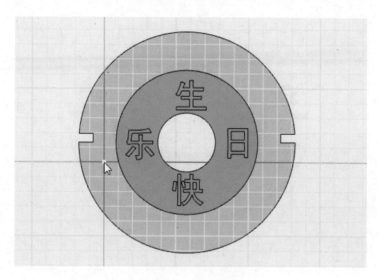

图3-3-36 选择草图平面

在卡环左右两侧分别写"录"字和"播"字，"字体"选择黑体，"样式"选择常规，"大小"为6。结果如图3-3-37、图3-3-38所示。

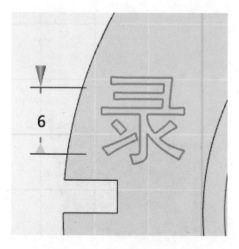

图3-3-37 书写"录"字

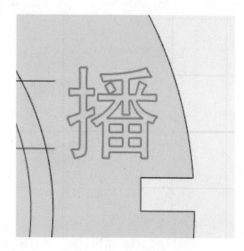

图3-3-38 书写"播"字

使用【拉伸】🔲工具，在对话框中选择【加运算】，拉伸高度为
1 mm。最终的卡环盖子如图 3-3-39 所示。

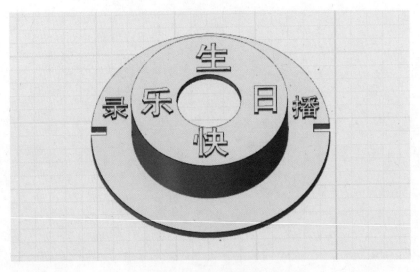

图 3-3-39　盖子模型

◎ 4. 组装

将喇叭放置到卡环圆柱槽内部，把热熔胶涂抹在喇叭周围，从而固定
住喇叭，如图 3-3-40 所示。

图 3-3-40　固定喇叭

在盒子底部中心附近均匀地涂抹一层热熔胶，将电路板安放到上面，如图 3-3-41 所示。由于电线比较短，安装时要小心。

将卡环盖上，将录音和播放开关沿卡口引出，并在开关背面均匀涂抹热熔胶后安装在卡口附近。组装后的成品如图 3-3-42 所示。

图 3-3-41 固定电路板胶

图 3-3-42 组装完成图

博士的话 搬一搬：把事物的某个部件搬运一下，使之形成一个新的物品，作为新的用途。我们用"搬一搬"的方法，将录音机芯片搬运到蛋糕模型上，制作一款能够录音又有创意的作品。

第四篇 科学小创客

一、风力发电机

◎ 1. 观察生活 / 发现问题

夏日的午后，小库和小拉在金山创客室里做实验。天越来越阴沉，创客室里亮起了灯才能勉强看清东西。渐渐地风猛烈刮了起来，大雨倾盆而下。忽然一道闪电划过，灯全灭了。

没有电，没办法操作电脑和设备了，他们三个人围着蜡烛坐了下来。

◎ 2. 趣味生活 / 思考问题

思睿迪博士：小库小拉，刚才我向你们介绍了电的由来，能够理解吗？

小库和小拉摇摇头，表示不理解。

思睿迪博士：那我们做个简易的风力发电装置，观察实物，了解如何用风力发电。

◎ 3. 创客生活 / 解决问题

"学中做，做中学"，当我们遇到不理解的科学理论时，可以通过实验模拟装置，帮助我们解决问题。对于简易的模型，我们可以自己动手制作。

图 4-1-1 风力发电机

◎ 1. 风力发电机产品包

材料：PLA 3D 打印耗材，发电电机、马达、四节电池盒、发光二极管、细电线、风扇叶片、5 号电池、15 mm×21 mm 船型开关。

设备：电脑（安装 3D One 建模软件与 Cura 切片软件）、FDM 3D 打印机。

工具：热熔胶枪、电烙铁、剥线钳、铲刀、剪刀。

◎ 2. 方案设计

风力发电机的安装架应该由发电电机槽、马达槽、开关固定槽、电池槽和小灯固定块等五个部分组成，如图 4-1-2 所示。从图中可以看出，结构相对简单，应用【六面体】工具即可做出电机槽、马达槽和电池槽的外轮廓。值得注意的是，安装发电电机和安装马达的孔中心需要对齐。

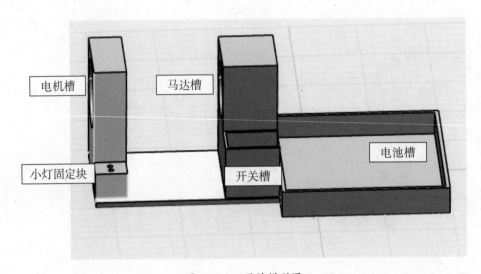

图 4-1-2　设计模型图

3. 三维建模和 3D 打印

> **本案例中使用的命令及操作：**
>
> ★ 创建草绘对象，通过拉伸功能创建实体。
>
> ★ 熟悉吸附和移动命令，快速确定模型的位置。
>
> ★ 熟练使用偏移曲线、抽壳和组合编辑命令。
>
> ★ 学习使用电烙铁。

3.1 电池槽制作

我们需要制作的是放置 4 个电池的电池座，测量出的长 × 宽 × 高 =62 mm×58 mm×15 mm，根据测量尺寸设计电池固定槽。

选择【基本实体】中的【六面体】工具，绘制一个长 × 宽 × 高 =66 mm×62 mm×10 mm 的长方体，如图 4-1-3 所示。

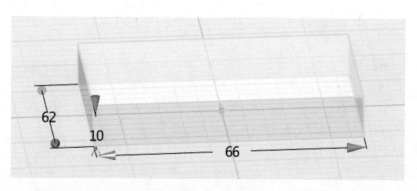

图 4-1-3　绘制长方体

选择【特殊功能】中的【抽壳】工具，抽壳"厚度 T"为 –1.5，"开放面 O"为六面体的上表面，结果如图 4-1-4 所示。

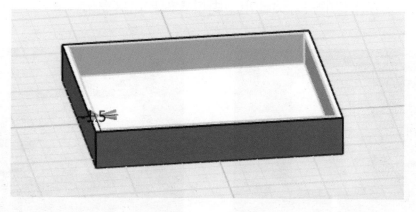

图 4-1-4　抽壳

3.2 绘制底座

选择【六面体】 工具，绘制一个长×宽×高=68mm×42mm×2mm 的六面体，如图4-1-5所示。

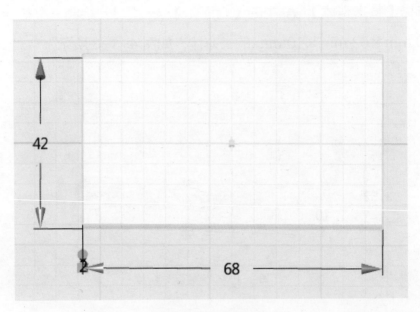

图 4-1-5 绘制底座

3.3 制作电机支架和马达支架

如图4-1-6所示小型马达的最大直径为20 mm，铁片部分长度为20 mm。如图4-1-7所示的小型电机的直径为24 mm，铁片部分长度为12 mm。根据测量的尺寸设计小型电机支架和马达支架。

图 4-1-6 马达

图 4-1-7 发电电机

将视图切换到上视图。选择【草图绘制】✐中的【矩形】▢工具，
鼠标左键单击底座上表面，以其作为绘图平面，在左右两侧分别绘制一个
长×宽为 30 mm×12 mm 和 26 mm×20 mm 的矩形，如图 4-1-8 所示。

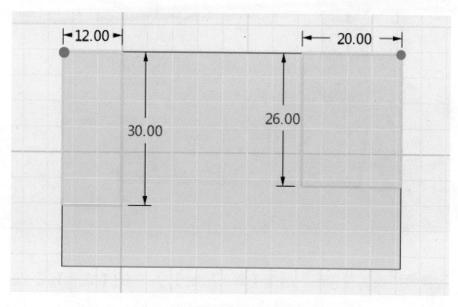

图 4-1-8　绘制长方形

温馨提示： 绘制矩形时，点 1 位置分别为底板左上角和
右上角的顶点，即图 4-1-8 所示红点处。

选择【特征造型】 中的【拉伸】 工具，将绘制好的两个矩形都拉伸 45 mm，如图 4-1-9 所示，左侧为电机支架，右侧为马达支架。

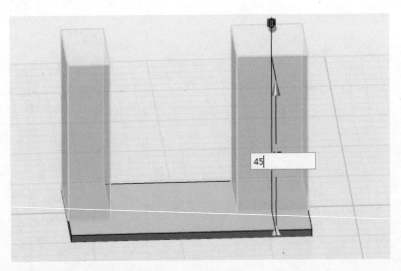

图 4-1-9 拉伸

将视角切换到左视图。选择【草图绘制】 中的【圆形】 工具，鼠标左键单击电机支架表面，以其作为草图绘制平面，如图 4-1-10 所示。

在如图 4-1-11 所示的红色边线中点处，绘制一个直径为 25 mm 的圆形，点击标题栏下的 ，退出草图绘制模式。

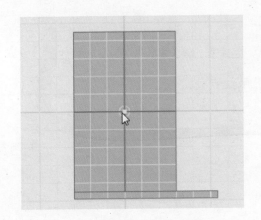

图 4-1-10 选择草图平面

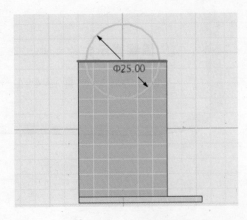

图 4-1-11 绘制圆形

选择【基本编辑】✛ 中的【移动】 工具，在如图 4-1-12 所示的移动对话框中选择"动态移动" ，将圆形向图 4-1-3 所示的橙色箭头方向移动 15 mm。

图 4-1-12 动态移动

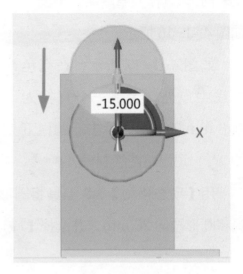

图 4-1-13 向下移动圆形

选择【特征造型】 中的【拉伸】 工具，将绘制好的圆形向内侧拉伸 12 mm，如图 4-1-14 所示。在如图 4-1-14 所示的对话框中选择【减运算】 ，完成电机支架的制作。

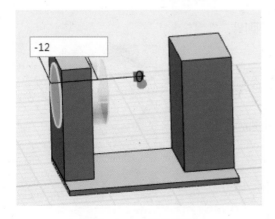

图 4-1-14 拉伸图形

图 4-1-15 选择减运算

将视图切换到右视图。选择
【草图绘制】 ✐ 中的【圆形】
⊙ 工具，鼠标左键单击马达支
架表面，以其作为草图绘制平面，
如图 4-1-16 所示。

如图 4-1-17 所示，在红色
边线中点处，绘制一个直径为
20.6 mm 的圆形。单击标题栏下
的 ✔ ，退出草图绘制模式。

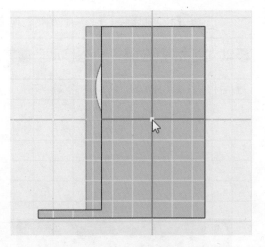

图 4-1-16　选择草图平面

用【动态移动】 🔲 工具将圆形向下移动 15 mm。用【拉伸】 ➘ 工
具将圆形拉伸 20 mm，并选择【减运算】 ◈ ，结果如图 4-1-18 所示。

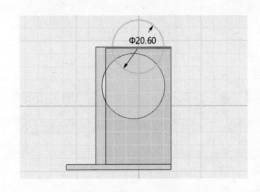

图 4-1-17　绘制圆形

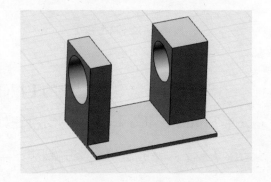

图 4-1-18　拉伸后圆形

小库：博士，我将视图转到左视图，
发现电机孔和马达孔中心没有对齐。

思睿迪博士：因为画的两个圆形大小
不同，而且画圆时都是从边线的中间画起，
才导致这个问题。

小库：那需要调整位置将它们对齐吗？

思睿迪博士：嗯，需要调整位置。

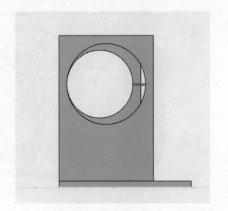

图 4-1-19　马达孔与电机孔的位置关系

切换到左视图。选择【移动】 🔲 工具，在移动对话框中选择【动态移动】 ⬛，如图 4-1-20 所示，将电机支架向橙色箭头方向移动 2 mm，结果如图 4-1-21 所示。

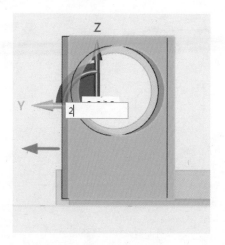

图 4-1-20 移动电机支架

图 4-1-21 对齐后图形

3.4 绘制开关槽

将视图切换到上视图。选择【草图绘制】 ✏ 中的【多段线】 ⬜ 工具，鼠标左键单击底座上表面，确定草绘平面。在网格上绘制三条长度分别为 20 mm、15 mm 和 20 mm 的直线，如图 4-1-22 所示。

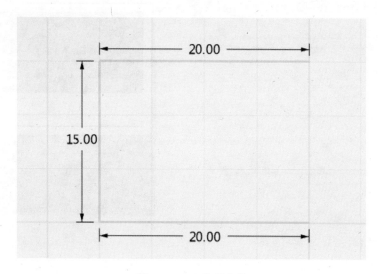

图 4-1-22 绘制直线

选择【草图编辑】□ 中的【偏移曲线】↖ 工具，将三条直线向内偏移 1 mm，参数设置如图 4-1-23 所示。结果如图 4-1-24 所示。

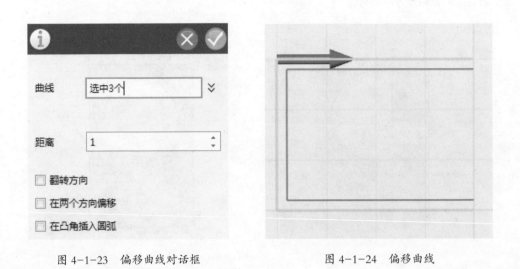

图 4-1-23　偏移曲线对话框　　　　　　　　图 4-1-24　偏移曲线

使用【直线】◣ 工具，将两条直线的端点处连接，如图 4-1-25 所示。接着使用【拉伸】◈ 工具，将封闭的草图拉伸 20 mm，如图 4-1-26 所示。

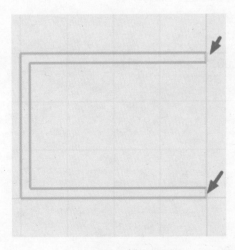
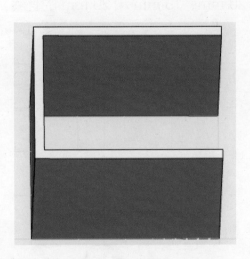

图 4-1-25　连接两直线　　　　　　　　　图 4-1-26　拉伸

使用【自动吸附】 🎧 工具，将开关槽吸附到马达支架表面，吸附面的选择如图 4-1-27、图 4-1-28 所示。

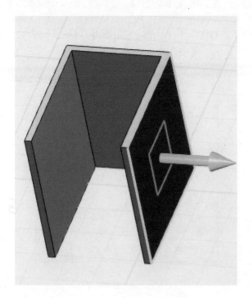

图 4-1-27 选择开关槽表面

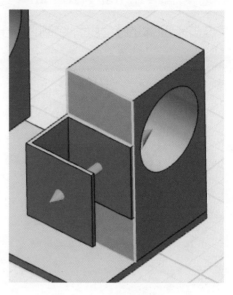

图 4-1-28 选择马达支架表面

选择【移动】 🔲 工具，在移动对话框中选择【动态移动】 📦 命令，如图 4-1-29 所示，将开关槽向橙色箭头方向移动 –13 mm。

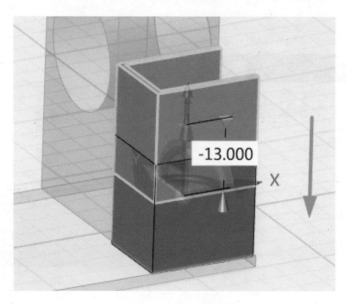

图 4-1-29 移动开关槽

3.5 小灯固定块制作

选择【六面体】🧊 工具，绘制一个如图 4-1-30 所示的六面体，长 × 宽 × 高 =12 mm×10 mm×10 mm。选择【圆形】⊙ 工具，鼠标左键点击六面体的上表面，绘制两个直径为 2 mm 的圆形，如图 4-1-31 所示。

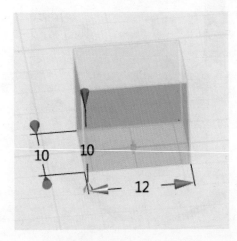

图 4-1-30　绘制长方体

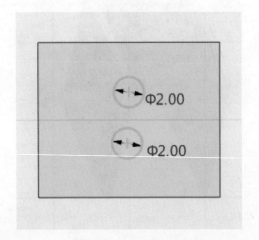

图 4-1-31　绘制圆形

选择【拉伸】🧊 工具，将圆形向下拉伸 10 mm，在如图 4-1-32 所示拉伸对话框中选择【减运算】◈，结果如图 4-1-33 所示。

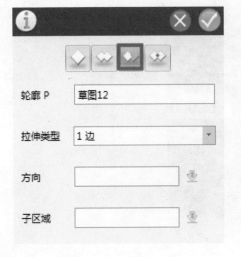

图 4-1-32　选择减运算

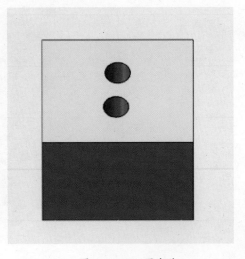

图 4-1-33　固定块

选择【自动吸附】🧲工具，将小灯固定块吸附到电机的表面，如图 4-1-34 所示。接着选择【移动】🖐工具，在移动对话框中选择【动态移动】📦，如图 4-1-35 所示，将小灯固定块向橙色箭头方向移动 −18 mm。

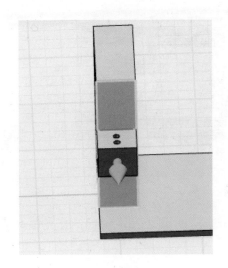

图 4-1-34 吸附

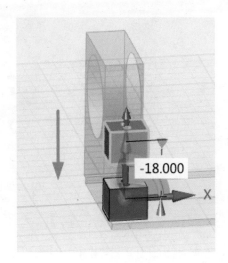

图 4-1-35 移动

选择【自动吸附】🧲工具，将电池槽（选择边长为 66 mm 的面）吸附到底板处（马达一侧的表面，如图 4-1-36 所示）。

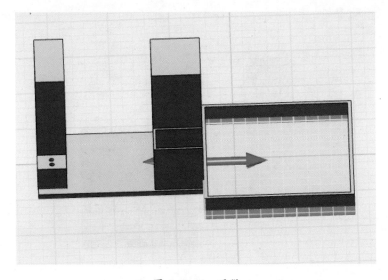

图 4-1-36 吸附

使用【移动】 工具中的【动态移动】 ，如图 4-1-37 所示，将开关槽向橙色箭头方向移动 4 mm。

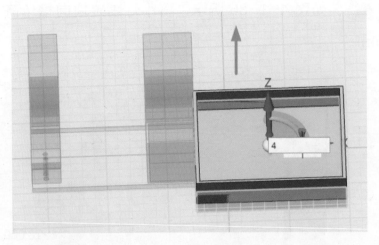

图 4-1-37　移动

最后，使用【组合编辑】 工具，将所有的部件合并在一起。完成的风力发电机的模型如图 4-1-2 所示。

保存源文件和导出 STL 格式文件，进行切片和 3D 打印。

◎ 4. 安装

思睿迪博士：马达、开关和电池座的电路连接需要注意正负极是否连接正确，如图 4-1-38 所示。

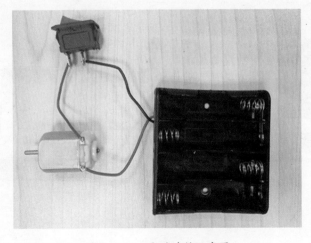

图 4-1-38　电路连接示意图

小库：博士，怎么检验是否正确呢？

思睿迪博士：最简单的方法，先将叶片装在马达上并通电，如果是吹风那么电路连接正确；如果是吸风则将电池座与马达的接线换一下。

发光二极管（如图 4-1-39），长的引脚为正极，短的引脚为负极。在接电机时，电机红色电线接发光二极管短的一端，黑色电线接发光二极管长的一端，如图 4-1-40 所示。

图 4-1-39 发光二极管　　　　　　图 4-1-40 电路连接示意图

电路连接好后，用电烙铁焊接，将焊接好的电路安装到支架上，如图 4-1-41 所示。

图 4-1-41 安装固定配件

最后，安装风扇叶片，并用热熔胶枪将所用配件固定。完成的风力发电机如图 4-4-1 所示。

博士的话　创新小方法——联一联：我们把两样或几样似乎不相干的事物联系起来，看是否能产生新的东西，帮助我们解决问题。这里我们使用"联一联"的方法，运用风能资源验证风力能够发电，帮助我们理解生活中的知识。

二、纸屑吸尘器

小创客思维

◎ 1. 观察生活 / 发现问题

融化的热胶温度较高，凝固得比较慢，思睿迪博士打开风扇给热胶降温。小库调皮地拿了一些纸屑靠近风扇，立马被吹走了。

小拉忙着收拾桌上的纸屑，看着哥哥这么闲就不耐烦地抱怨：哥哥别玩啦，做点正事吧。桌上都是你玩的纸屑，太脏啦。

◎ 2. 趣味生活 / 思考问题

思睿迪博士：小库，你试试把纸屑放在风扇的背面。

小库拿了些张纸屑放在了风扇背面，纸屑马上被吸住了。

小库：真好玩，纸屑被吸住了。

思睿迪博士：如果我们把风扇倒着转，是不是就能轻易地回收纸屑呢？

◎ 3. 创客生活 / 解决问题

家里打扫卫生，角落里的尘屑通常很难打扫干净，我们可以设计一个吸尘器来清理尘屑。

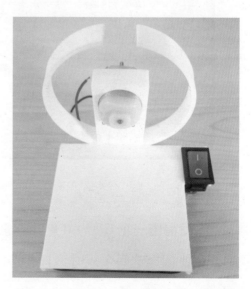

图 4-2-1 纸屑吸尘器

◎ 1. 纸屑吸尘器产品包

材料：PLA 3D 打印耗材、四节电池盒、风扇叶片、马达、细电线、15 mm×21 mm 船型开关、500 ml 矿泉水瓶、抹布。

设备：电脑（安装 3D One 建模软件与 Cura 切片软件）、FDM 3D 打印机。

工具：电烙铁、美工刀、画笔、剪刀、剥线钳、铲刀。

◎ 2. 方案设计

我们需要设计马达槽、开关槽、电池槽和固定瓶子的卡扣。首先需要根据电子配件的尺寸，设计出配件的固定部分，接着将每一个部件组合成一个整体，最后安装电路部分。

◎ 3. 三维建模和 3D 打印

> **本案例中使用的命令及操作：**
> ★ 创建草绘对象，通过拉伸功能创建实体。
> ★ 熟练使用偏移曲线和修剪命令。
> ★ 熟练使用拉伸对话框中的组合编辑命令。
> ★ 熟练使用电烙铁。

3.1 固定架部分制作

测量得出一个 500 ml 矿泉水瓶的瓶身直径约为 64 mm，马达直径为 20 mm，根据这两个尺寸设计相应的固定架。

将视图切换到上视图。选择【草图绘制】📝 中的【圆形】⊙ 工具，画三个直径分别为 20.5 mm、65 mm 和 69 mm 的圆形，三圆形圆心重合，如图 4-2-2 所示。

选择【草图绘制】📝 中的【直线】＼ 工具，将直径为 20.5 mm 的圆形的顶部和直径为 69 mm 的圆形的底部连接，如图 4-2-3 所示。

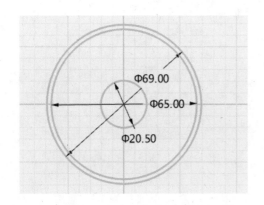

图 4-2-2 绘制三个圆形

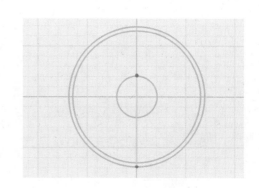

图 4-2-3 绘制连接两圆的直线

选择【草图编辑】▢ 中的【偏移曲线】⤵ 工具，如图 4-2-4 所示，偏移对话框中勾选"在两个方向偏移"，偏移"距离"为 10.2 mm，结果如图 4-2-5 所示。

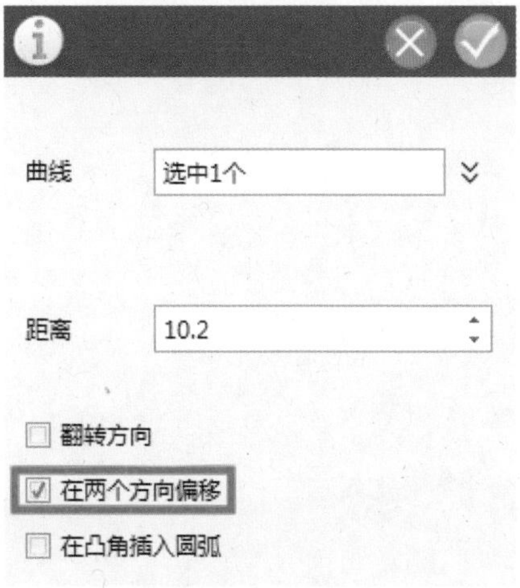

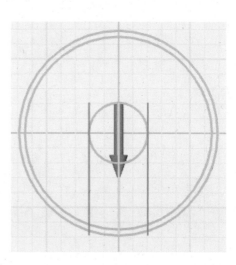

图 4-2-4 偏移对话框

图 4-2-5 偏移曲线

103

选择【直线】 工具，将偏移的两条直线连接，围成一个长方形，如图 4-2-6 所示。

选择【偏移曲线】 工具，将长方形向外偏移 2 mm，如图 4-2-7 所示。

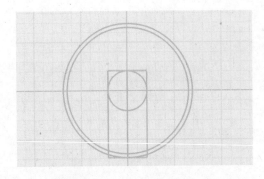

图 4-2-6　绘制 2 条连接直线

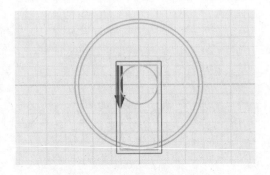

图 4-2-7　偏移长方形的 4 条直线

删除内侧小长方形和中间的直线，结果如图 4-2-8 所示。

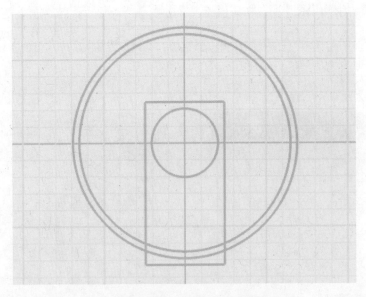

图 4-2-8　删除小长方形和中间的直线

选择【草图编辑】▢ 中的【单击修剪】⊩ 工具，如图 4-2-9 所示，将黄色线段删除，结果如图 4-2-10 所示。

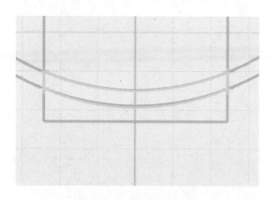

图 4-2-9　需删除的曲线

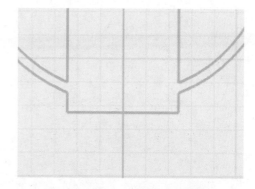

图 4-2-10　删除曲线后的图形

选择【直线】＼ 工具，在大圆顶点处画一条长度为 5mm 的直线，如图 4-2-11 所示。

选择【草图编辑】▢ 中的【偏移曲线】🔧 工具，对话框中勾选"在两个方向偏移"，偏移距离 6mm。结果如图 4-2-12 所示。

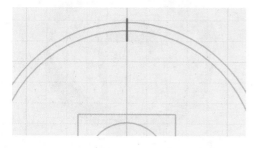

图 4-2-11　在大圆顶点处绘制直线

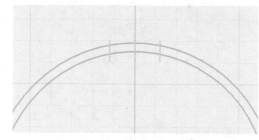

图 4-2-12　偏移顶点处的直线

选择【草图编辑】 ⬜ 中的【单击修剪】 ⫪ 工具，将图 4-2-13 中的
黄色线段删除，结果如图 4-2-14 所示。

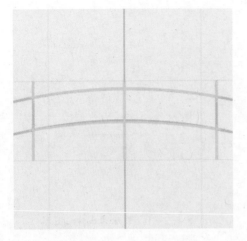

图 4-2-13　需修剪的曲线

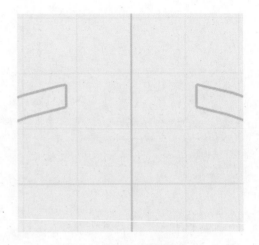

图 4-2-14　修剪后的图形

选择【特征造型】 ✐ 中的【拉伸】 ◈ 工具，如图 4-2-15 所示，将
草图轮廓拉伸 15 mm，结果如图 4-2-16 所示。

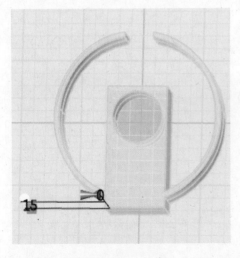

图 4-2-15　拉伸

图 4-2-16　固定架

3.2 电池槽的制作

测量四节电池盒的长×宽×高=62 mm×58 mm×15 mm，根据测量尺寸设计电池槽。

切换到上视图，选择【草图绘制】✏ 中的【多段线】⬜ 工具，选择固定架的上表面为草图绘制平面，如图 4-2-17 所示，从图中的红点处开始向左侧绘制长方形。

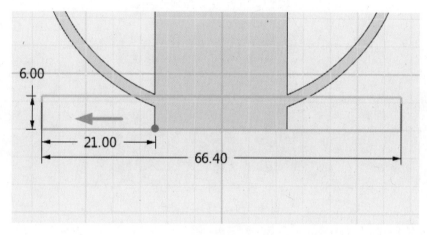

图 4-2-17 绘制长方形

选择【拉伸】🔳 工具，将长方形拉伸 62 mm，如图 4-2-18 所示。

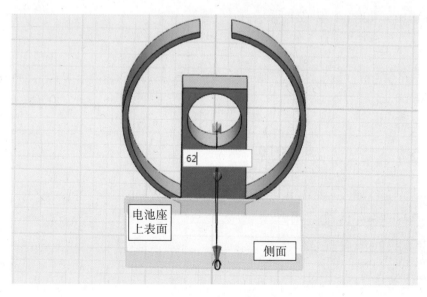

图 4-2-18 拉伸

3.3 开关槽的制作

将视图切换到前视图。选择【多段线】□ 工具，鼠标左键单击电池座下表面，以此作为草图绘制平面（如图 4-2-19）。

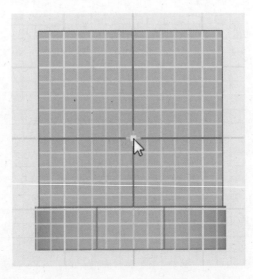

图 4-2-19　选择草图平面

如图 4-2-20 所示，在电池座的右下角处，绘制两条长度分别为 15 mm 和 20 mm 的直线。接着选择【偏移曲线】 工具，将两条直线向内侧偏移 1.5 mm，如图 4-2-21 所示。

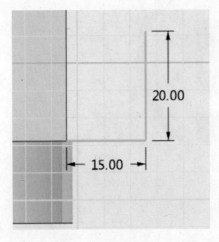

图 4-2-20　绘制直线

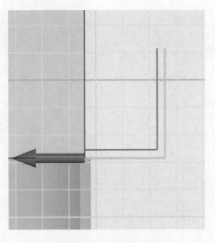

图 4-2-21　偏移曲线

108

选择【直线】工具，将两条直接连接，如图 4-2-22 所示。并使用【拉伸】工具，将其向电池座上表面方向拉伸 6 mm（或者在数值框内输入 -6），如图 4-2-23 所示。

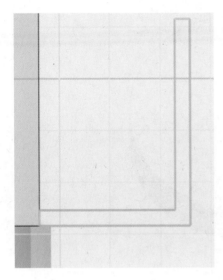

图 4-2-22　连接两条直线

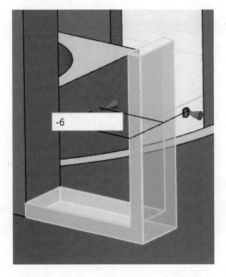

图 4-2-23　拉伸

选择【特殊功能】中的【抽壳】工具，"造型 S"为电池座，"厚度 T"为 -1.5，"开放面 O"为下表面及侧面，如图 4-2-24 所示。

最后，选择【组合编辑】工具，将全部部件合并在一起，结果如图 4-2-25 所示。

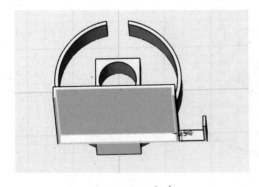

图 4-2-24　抽壳

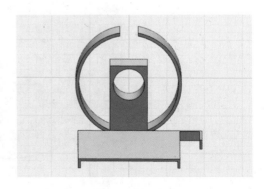

图 4-2-25　组合

3.4 制作盖子

选择【圆柱体】🛢 工具，绘制一个直径为 69.5 mm，高度为 20 mm 的圆柱体，如图 4-2-26 所示。

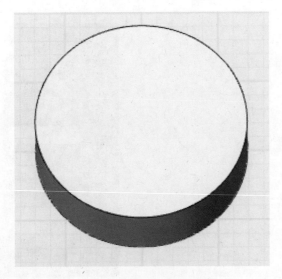

图 4-2-26　绘制圆柱体

选择【抽壳】◈ 工具，"厚度 T"为 1.5 mm，"开放面 O"为圆柱下表面，如图 4-2-27 所示。

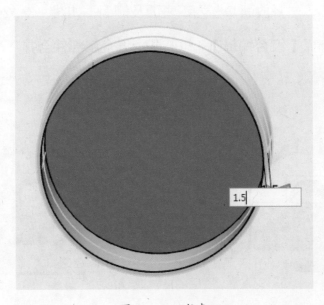

1.5

图 4-2-27　抽壳

选择【直线】 ↘ 工具，鼠标左键单击圆柱上表面，确定草绘平面，如图 4-2-28 所示。在圆形底部画一条长 20 mm 的直线，如图 4-2-29 所示。**注意：** 直线要分布在圆形内外两侧。

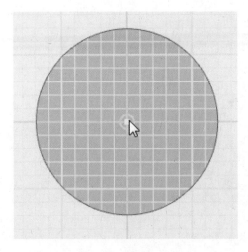

图 4-2-28 选择草图平面

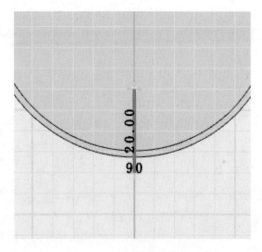

图 4-2-29 绘制直线

选择【偏移曲线】 ⤳ 工具，对话框中勾选"在两个方向偏移"，"偏移距离"为 17.5 mm，如图 4-2-30 所示。选择【直线】 ↘ 工具，将两条偏移的直线连接，删除中间的直线，如图 4-2-31 所示。

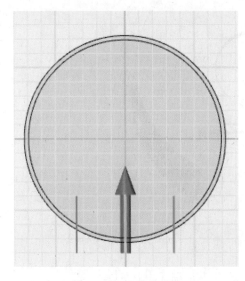

图 4-2-30 偏移曲线

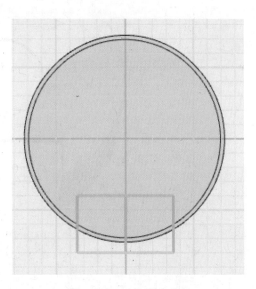

图 4-2-31 连接两直线

选择【圆形】⊙ 工具，在圆柱上表面中心画一个直径为 25 mm 的圆形，如图 4-2-32 所示。

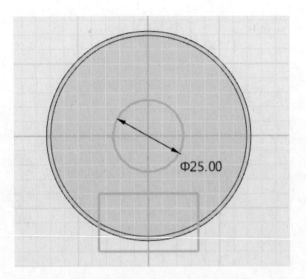

图 4-2-32　绘制长方形和圆形

选择【拉伸】🗔 工具，在对话框中选择【减运算】◈，将绘制的草图向网格方向拉伸 20 mm。结果如图 4-2-33 所示。

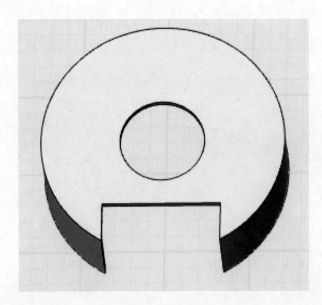

图 4-2-33　拉伸

保存源文件和导出 STL 格式文件，进行切片和 3D 打印。

◎ 4. 组装

用美工刀或者剪刀，将矿泉水瓶截成两段，如图 4-2-34 所示。用画笔标出需要裁剪的位置，用剪刀剪出一个长为 25 mm，宽为 15 mm 的口子，如图 4-2-35 所示。

图 4-2-34　裁剪瓶子

图 4-2-35　剪出口子

剪一片和卡扣大小一样的抹布，放到盖子内侧。

小库：博士，抹布怎么剪成圆形的呢?

思睿迪博士：可以将卡扣作为量具放置在抹布上，并用画笔沿卡扣边缘画一圈，然后用剪刀沿着画笔痕迹裁剪，如图 4-2-36、图 4-2-37 所示。

图 4-2-36　描边

图 4-2-37　裁剪抹布

将马达、开关和电池座安装到相对应的部位，并用热熔胶枪固定，如图 4-2-38、图 4-2-39 所示。

图 4-2-38　安装开关和马达

图 4-2-39　安装电池座

用电线连接好电路，使用电烙铁焊接。

注意：连接好电路后，先通电检验风扇是向前吹风还是向后吹风。本案例应该是向后吹风，即吸风。

安装上叶片，接着将瓶子安装到圆形固定架上，卡扣套在圆形固定架外侧，如图 4-2-40、图 4-2-41 所示。

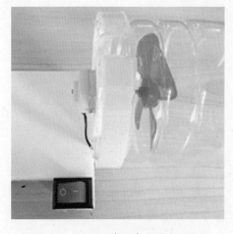

图 4-2-40　安装风扇叶片和瓶子

图 4-2-41　固定卡扣

博士的话 　创新小方法——反一反：它是指把某一事物的形状、性质、功能反过来，做出新的功能。炎炎夏日，随处可见开动的电风扇，小孩子偶尔还会拿张纸靠近风扇背面，看纸张被风扇吸住以取乐。看到这就想到桌面烦人的纸屑为什么不用风扇把它吸走呢。我们就使用"反一反"的方法，把马达反转就可以吸走桌面的纸屑了，把功率放大就是家里常用的吸尘器了哦。

三、冷兵器投石机

◎ 1. 观察生活 / 发现问题

爸爸在看古装剧，双方在城墙内外对峙着，一方搬来好几台大家伙，装上石头往城墙上投射，城墙瞬间千疮百孔。在一旁的小库产生强烈的好奇心，就问爸爸：这是什么东西这么强大？爸爸说：这是古代战争用的投石机啊。小库很好奇，投石机是用什么原理制造出来的呢。

◎ 2. 趣味生活 / 思考问题

小库找小拉一起去查找投石机的相关资料。当世界上第一门火炮在中国诞生之前，我们的祖先使用的重型武器之一就是这种抛掷石弹的石炮——抛石机，又叫抛车、投石车、霹雳车等。总之是用来攻守城堡，以石头当炮弹的远程抛射武器。

◎ 3. 创客生活 / 解决问题

小库：我们分别制作一款小型投石机，比比谁投得远。

小拉：好呀。

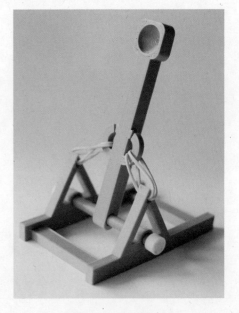

图 4-3-1　投石机

116

◎ 1. 投石机产品包

材料：PLA 3D 打印耗材、橡皮筋。

设备：电脑（安装 3D One 建模软件与 Cura 切片软件）、FDM 3D 打印机。

工具：铲刀。

◎ 2. 方案设计

投石器主要由底座、固定架和抛竿三个部分构成。底座可以直接用长方体堆叠而成；固定架和抛竿通过橡皮筋连接，固定架简单设计成一个三角架即可；抛竿需要能够转动，可在抛竿上挖洞并用长轴固定在固定架上。

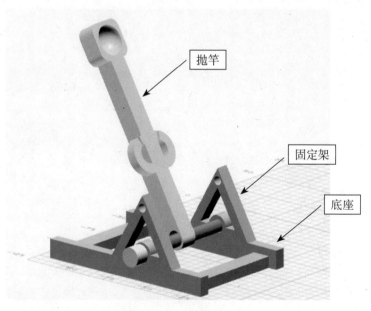

图 4-3-2　抛石机

本案例中使用的命令及操作：

★ 创建草绘对象，通过拉伸功能创建实体。

★ 学会使用"两者之间"命令，准确放置模型部件。

★ 进一步熟练使用镜像、阵列命令。

★ 进一步熟练使用修剪命令。

3.1 制作底座

选择【基本实体】 中的【六面体】 工具，绘制一个长 × 宽 × 高 =100 mm × 6 mm × 10 mm 的长方体 1，将其底面中心放到坐标原点上（即两条深蓝色直线的交叉点），如图 4-3-3 所示。

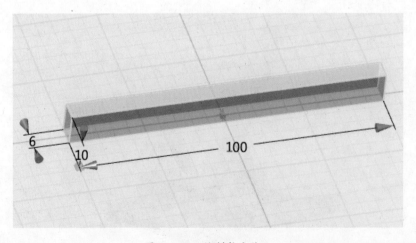

图 4-3-3　绘制长方体 1

第四篇 科学小·创客

接着在距离长方体 1 的 60 mm 处绘制一个同样尺寸的长方体 2，如图 4-3-4 所示。

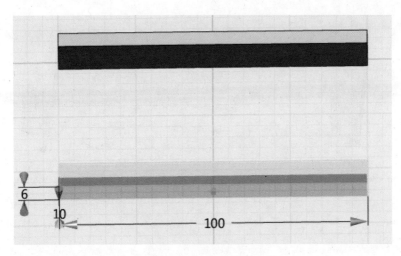

图 4-3-4　绘制长方体 2

小拉：博士，我一直画，距离都不准确，请问，有什么办法能准确地确定距离呢?

思睿迪博士：可以利用平台的网格来确定，一个小网格边长是 5mm。

小拉：那么就是相隔 12 个网格的距离啦。

选择【六面体】 🧊 工具，绘制一个长×宽×高=10 mm×54 mm×5 mm 的长方体 3，在对话框中单击箭头 ⬇，选择"两者之间"，如图 4-3-5 所示。

图 4-3-5　选择"两者之间"

119

用鼠标左键分别单击图 4-3-6 所示红色箭头指向的长方体端点。

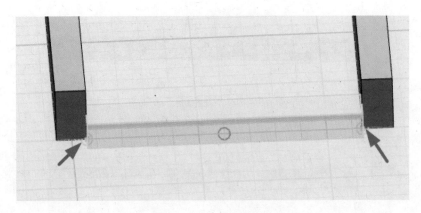

图 4-3-6　放置位置

切换到上视图，选择【基本编辑】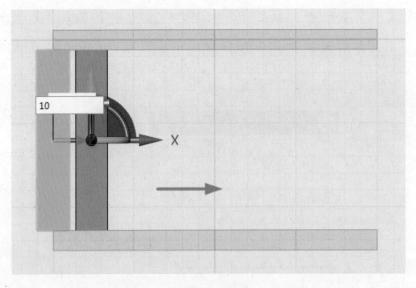中的【移动】命令，在移动
对话框中选择【动态移动】，如图 4-3-7 所示，沿橙色箭头方向移动
10 mm。

图 4-3-7　移动

120

选择【基本编辑】✦中的【镜像】🔺工具，如图4-3-8所示，在镜像对话框中，"实体"为长方体3，镜像"方式"为线，"点1"和"点2"为长方体1和2最长边的边线中心（系统会自动捕捉中心点并以小圆圈显示），如图4-3-9所示。

图4-3-8　镜像对话框

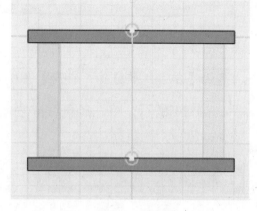

图4-3-9　镜像

3.2 制作固定架

选择【草图绘制】✏中的【多段线】▱工具，绘制如图4-3-10所示的草图。

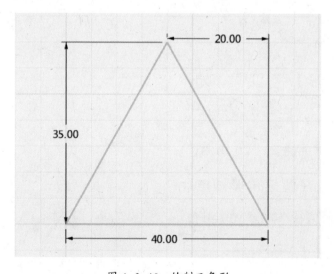

图4-3-10　绘制三角形

121

温馨提示：先画出 40 mm 的直线，再利用网格绘制另外两条斜线，两条斜线长度相等，即等腰三角形。

选择【草图编辑】☐ 中的【偏移曲线】✎ 工具，偏移对话框的设置如图 4-3-11 所示，将三条直线向内偏移 5 mm，结果如图 4-3-12 所示。

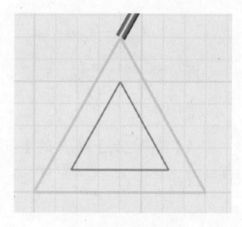

图 4-3-11　偏移对话框　　　　图 4-3-12　偏移曲线

选择【圆形】⊙ 工具，如图 4-3-13 所示，在蓝色直线中点处绘制一个直径为 11mm 和 7mm 的圆形，在两三角形顶点之间绘制一个直径为 4.6 mm 的圆形。

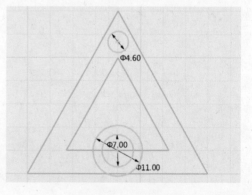

图 4-3-13　绘制圆形

选择【草图编辑】□中的【单击修剪】 工具，将多余的线删除，得到如图4-3-14所示的草图。

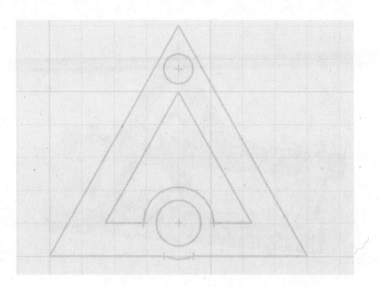

图4-3-14　修剪后图形

选择【特征造型】中的【拉伸】工具，将绘制好的二维草图拉伸6 mm，结果如图4-3-15所示。按Ctrl+C键后，再按Ctrl+V键复制出一个支撑架，结果如图4-3-16所示。

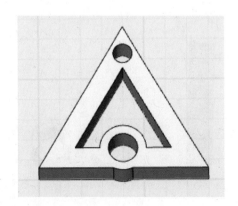

图4-3-15　拉伸

图4-3-16　复制一个支撑架

选择【自动吸附】🧲 工具，将两个支撑架吸附到长方体 1 和长方体 2 上，并使用【组合编辑】🧊 工具，将所有部件合并在一起，如图 4-3-17 所示。

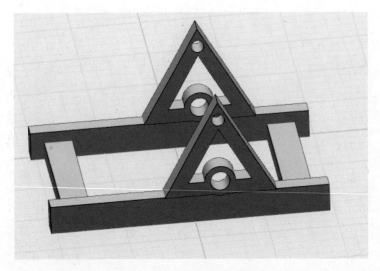

图 4-3-17 投石机主体部分

3.3 制作转轴和固定帽

转轴制作比较简单，用基本几何体中的圆柱即可。固定帽的作用是防止转轴脱离固定架的小孔，可以通过将圆柱挖空得到。

选择【基本实体】🔺 中的【圆柱】🛢 工具，绘制两个圆柱体。圆柱体 1 的直径为 6.4 mm，高度为 75 mm；圆柱体 2 的直径为 10 mm，高度为 8mm。

选择【抽壳】📦 工具，将圆柱 2 抽壳，抽壳"厚度 T"为 -1.4，"开放面 O"为上表面。再复制一个抽壳后的圆柱 2。结果如图 4-3-18 所示。

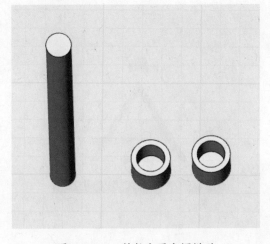

图 4-3-18 转轴和固定帽模型

3.4 制作抛竿

选择【基本实体】 中的【六面体】 工具，绘制长 × 宽 × 高为 20 mm × 20 mm × 10 mm 和 100 mm × 10 mm × 10 mm 的两个长方体。使用【自动吸附】工具，将两个长方体吸附在一起。结果如图4-3-19 所示。

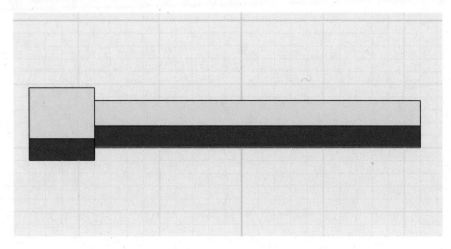

图 4-3-19　两个长方体吸附在一起

选择【特征造型】 中的【圆角】 工具，将两个长方体的边角进行圆滑处理，圆角半径为 5mm，如图 4-3-20 所示。

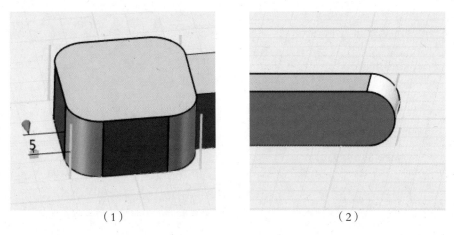

（1）　　　　　　　　　　　　　（2）

图 4-3-20　圆角处理

切换到上视图。选择【草图绘制】 ✎ 中的【圆形】 ⊙ 工具，鼠标左键单击 100 mm × 10 mm × 10 mm 的长方体上表面，如图 4-3-21 所示。

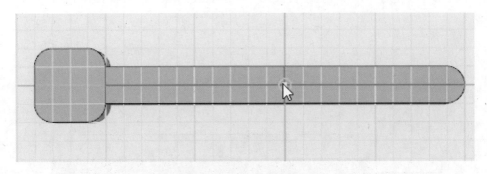

图 4-3-21　选择草图平面

在长方体边线中点处绘制两个直径分别为 10 mm 和 20 mm 的圆形，两圆心重合，如图 4-3-22 所示。

选择【直线】 ✎ 工具，将直径为 20 mm 的圆的左右两侧用直线连接，如图 4-3-23 所示。

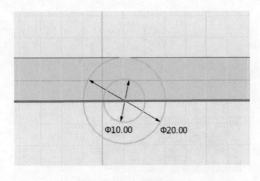

图 4-3-22　绘制圆形

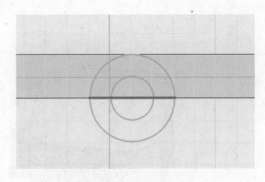

图 4-3-23　绘制直线

选择【基本编辑】✛中的【阵列】⠿工具，如图 4-3-24 所示，在对话框中选择【圆形】⠿，"基体"为直线，"圆心"为大圆圆心，"数目"为 3，"间距角度"为 10。结果如图 4-3-25 所示。

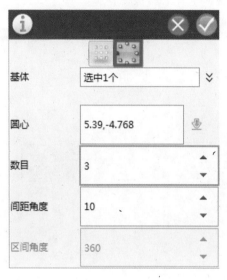

图 4-3-24　环形阵列

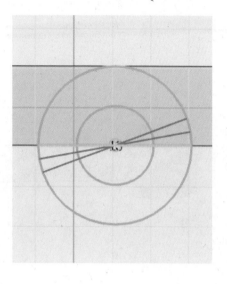

图 4-3-25　阵列直线

选择【草图编辑】▢中的【单击修剪】⫝̸工具，将多余的线条修剪。结果如图 4-3-26 所示。

选择【特征造型】✐中的【拉伸】◪工具，将绘制好的二维草图向下拉伸 5 mm，如图 4-3-27 所示，完成卡环制作。

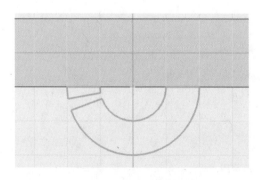

图 4-3-26　修剪后图形

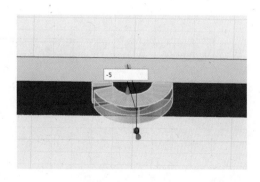

图 4-3-27　拉伸

选择【基本编辑】✛ 中的【镜像】🔺 工具，镜像对话框中的"实体"为卡环，镜像"方式"为"线"，"点 1"和"点 2"为长方体边线中心（系统会自动捕捉中心并以小圆圈显示），如图 4-3-28 所示。

选择【组合编辑】📦 工具，将各部件组合在一起。

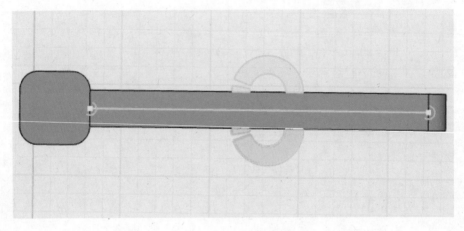

图 4-3-28　镜像

将视图切换到前视图。选择【草图绘制】🖌 中的【圆形】⊙ 工具，鼠标左键单击 100 mm × 10 mm × 10 mm 的长方体表面，如图 4-3-29 所示。

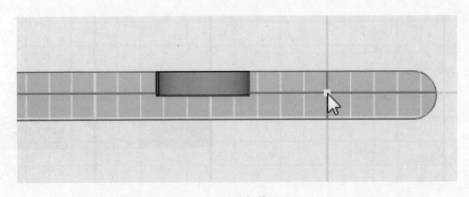

图 4-3-29　选择草图平面

在长方体右侧位置，绘制一个直径为 7.2 mm 的圆形，如图 4-3-30 所示，并使用【拉伸】 🔲 工具将其向内侧拉伸 10 mm，在左上角对话框中选择【减运算】 🔲，这样就得到一个小孔，如图 4-3-31 所示。

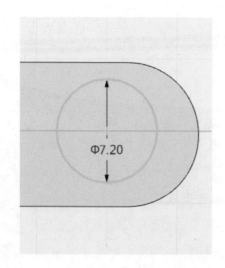
图 4-3-30 绘制圆形

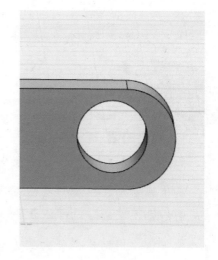
图 4-3-31 拉伸形成小孔

选择【基本实体】 🔺 中的【球体】 ⚫ 工具，如图 4-3-32 所示，在 20 mm×20 mm×10 mm 的长方体上表面画一个半径为 8 mm 的球体。选择【组合编辑】 🔲 中的【减运算】 🔲，"基体"为 20 mm×20 mm×10 mm 的长方体，"合并体"为球体，结果如图 4-3-33 所示。

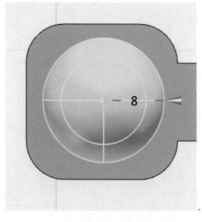
图 4-3-32 绘制球体

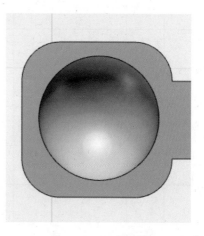
图 4-3-33 减运算

保存源文件,将各部件单独导出保存为STL格式,进行切片和3D打印。

◎ 4.组装

将长圆柱体穿过固定架和抛竿的小孔,盖上圆柱帽,将抛竿与固定架通过橡皮筋连接,结果如图4-3-1所示。

博士的话 创新小方法——代一代:它是指用其他事物或方法来代替现有的,从而进行创新的一种思路。大家都看过古代战争片,攻城拔寨时经常用到投石机,因为单纯借助人力很难把重物抛出很远对敌人形成打击。我们就使用"代一代"的方法,借助机器强大的力量来投射重物攻击对手,这就是冷兵器时代极具杀伤力的武器。

第五篇　基础内容介绍

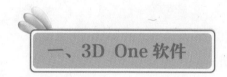

一、3D One 软件

◎ 1. 3D One 软件安装

3D One 建模软件可直接从官网（http://www.i3done.com）下载。根据自己的电脑系统类型（Windows 32 位和 64 位），选择相对应的版本下载即可。

3D One 安装步骤：

第一步：双击打开安装程序，进入软件安装界面，如图 5-1-1 所示。

第二步：点击"立即安装"，软件默认安装在 C 盘。

图 5-1-1　软件安装界面

若需要改变安装路径，可点击"自定义安装"，选择安装路径，如图 5-1-2 所示。

图 5-1-2　自定义安装路径

第三步：等待软件自动安装，如图 5-1-3 所示。

图 5-1-3　程序安装进度

第四步：程序安装完成后，将出现"3DOne 安装成功"，点击"立即体验"，如图 5-1-4 所示。

图 5-1-4　3D One 安装完成

2. 3D One 界面介绍

3D One 的界面如图 5-1-5 所示。

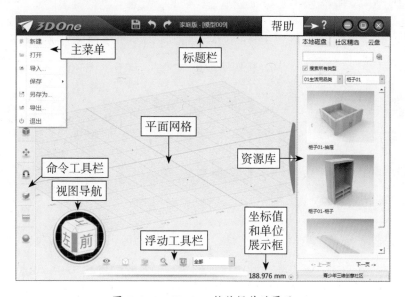

图 5-1-5　3D One 软件操作的界面

（1）标题栏。

显示当前软件的版本及模型存储名称，如图 5-1-6 所示。

5-1-6　标题栏

133

（2）命令工具栏。

命令工具栏包含建模所需的所有组件，分别为基本实体、草图绘制、草图编辑、特征造型、特殊功能、基本编辑、自动吸附、组合编辑、距离测量和材质渲染。各工具命令功能具体说明如下。

基本实体 ：包含六面体、球体、圆环体、圆柱体、圆锥体和椭球体6个基本几何体，这些基本几何体可以直接调用。

草图绘制 ：共有10种草图绘制工具，分别是矩形、圆形、椭圆形、正多边形、直线、圆弧、多段线、通过点绘制曲线、预制文字和参考几何体。绘制草图时需要选择绘制的草图平面。

草图编辑 ：共有5种工具，分别是链状圆角、链状倒角、单击修剪、修剪/延伸曲线和偏移曲线，这些工具可以对曲线进行编辑。

特征造型 ：共有8种特征造型工具，其中拉伸、旋转、扫掠和放样是把平面图形转换为三维实体的主要工具；圆角、倒角、拔模和由指定点开始变形实体等工具是对三维模型进行编辑。

特殊功能 ：共有10种特殊功能工具，分别是抽壳、扭曲、圆环折弯、浮雕、镶嵌曲线、实体分割、圆柱折弯、锥削、曲面分割和投影曲线。这些工具都是对实体进行再编辑，实现造型变换。

基本编辑 ：共有7种工具，分别是移动、缩放、阵列、镜像、DE移动、对齐移动和分割。这些工具可以对平面草图和空间实体造型进行编辑。

自动吸附 ：将两个实体快捷地粘合在一起，调整两个实体的相对位置关系。

组合编辑 ：可以对多个基体做布尔运算，布尔运算的形式有加运算、减运算、交运算。

距离测量 ▤：选择点、几何体和平面来测量它们之间的距离。

材质渲染 ⬤：对模型进行渲染，渲染过的零件看起来更加逼真，更加贴近实物。

（3）视图导航。

视图导航有 26 个不同的面，任意一个面都代表一个视图位置，点击任意一个面，即可将模型转到该位置，如图 5-1-7 所示。

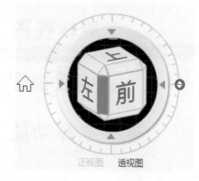

图 5-1-7　视图导航

（4）浮动工具栏。

浮动工具栏有 6 个快捷功能，如图 5-1-8 所示。

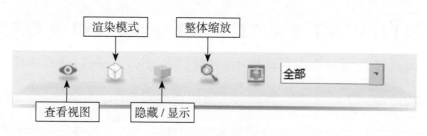

图 5-1-8　浮动工具栏

（5）资源库。

本地资源库：界面右方的小箭头可将资源库显示出来，资源库中的本地资源库指本地电脑已有的，并且已放入指定位置的资源，可拖拽调取本地文件里的造型文件，然后进行再编辑。

网络资源库：能够拖拽式调取网盘中的造型文件。可以选择在里面上传或者下载文件，因为一般本地资源库文件占用存储太大，所以建议不常用的资源都存储在网络资源库中。

3. 鼠标功能说明

平移视图　　　　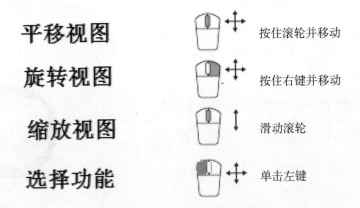　　按住滚轮并移动

旋转视图　　　　　　　　　　　　按住右键并移动

缩放视图　　　　　　　　　　　　滑动滚轮

选择功能　　　　　　　　　　　　单击左键

图 5-1-9　鼠标功能说明

4. 常用命令介绍

4.1 基本实体

选择【基本实体】 中的【六面体】 和【球体】 等工具，基本实体可通过底面中心点自动捕捉网格位置，也可以在对话框中精确控制中心点的位置，从而精确地将基本实体放置在网格中，如图 5-1-10 所示。可以通过拖动智能手柄粗略改变基本实体的长、宽、高或半径的数值，也可以通过点击数值，输入需要的尺寸，如图 5-1-11 所示。

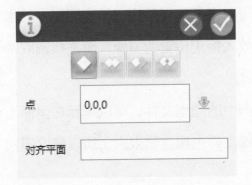

图 5-1-10　放置点对话框

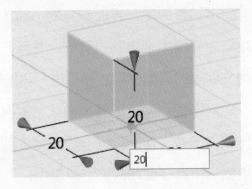

图 5-1-11　编辑六面体尺寸

4.2 草图绘制

4.2.1 矩形

【草图绘制】✍ 中的【矩形】▢ 工具，可以快速绘制一个给定长、宽的矩形。绘制矩形时需要选择一个绘制草图平面，这个草图平面可以是实体的平面或者与曲面相切的平面。可通过菜单设定矩形两个相对点的坐标，如图 5-1-12 所示；也可通过拖动智能手柄粗略改变矩形的长和宽；还可以通过点击数值，进行精确的设计，如图 5-1-13 所示。

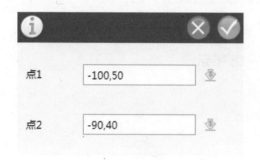

图 5-1-12　两点确定矩形大小

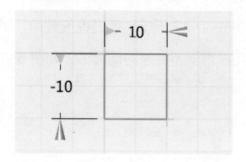

图 5-1-13　编辑矩形的长和宽

4.2.2 圆形

选择【草图绘制】✍ 中的【圆形】⊙ 工具，可以快速绘制一个给定半径或直径的圆形。通过编辑对话框可以精确地确定圆心的位置，如图 5-1-14 所示；也可以通过拖动智能手柄粗略改变圆形的半径或直径；还可以通过点击数值，进行精确的设计，如图 5-1-15 所示。

图 5-1-14　确定圆心位置

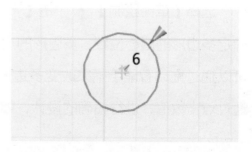

图 5-1-15　编辑圆的尺寸

4.2.3 椭圆形

选择【草图绘制】 中的【椭圆形】 工具，在对话框中通过两点确定椭圆的长轴和短轴的尺寸，通过角度可以对椭圆进行旋转，如图5-1-16所示。绘制后亦可以通过拖动智能手柄来改变椭圆形横轴

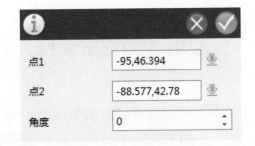

图 5-1-16　确定椭圆的位置

的角度、长轴和短轴的长度，也可以通过点击数值，进行精确的设计，如图5-1-17所示。通过拖拽数值"0"处的箭头或者点击"0"输入数值，可以得到不完整的椭圆形，如图5-1-18所示。

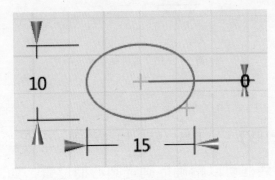

5-1-17　编辑椭圆的尺寸

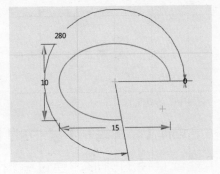

5-1-18　获取不完整的椭圆

4.2.4 多边形

选择【草图绘制】 中的【多边形】 工具，在编辑对话框中可以确定多边形的圆心位置，多边形的边数和转动的角度，如图5-1-19所示。可以通过拖动智能手柄来改变多边形外接圆的半径和横轴的角度，也可以通过点击数值，进行精确的设计，如图5-1-20所示。

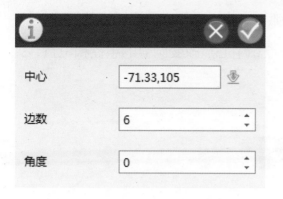

图 5-1-19　确定多边形的形状

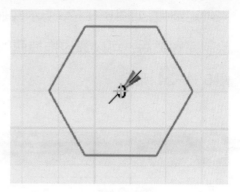

图 5-1-20　编辑多边形

4.2.5 直线

选择【草图绘制】🖉 中的【直线】╲ 工具，可以快速通过给定的点和距离来绘制直线，也可选择通过菜单设定直线两点坐标值或一点坐标值和直线长度来确定直线，如图 5-1-21 所示。与其他大部分草图绘制命令不同的是：直线命令没有用来改变直线的智能手柄，绘制完直线后，可以通过拖拽直线的头尾两点来改变直线的尺寸和位置，如图 5-1-22 所示。

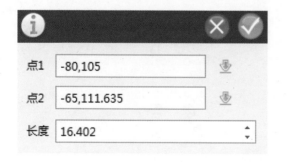

图 5-1-21　两点确定一条直线

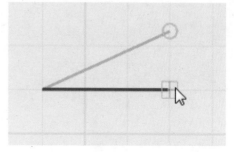

图 5-1-22　拖拽改变直线

4.2.6 圆弧

选择【草图绘制】🖉 中的【圆弧】◠ 工具，可以快速通过给定点两点和半径绘制圆弧，也可选择通过菜单设定圆弧两端点坐标值和圆弧半径

来确定圆弧,如图5-1-23所示。圆弧命令也没有用来改变圆弧的智能手柄。绘制完圆弧后，可以通过拖拽两端点和中心点改变圆弧的半径和位置，如图5-1-24所示。

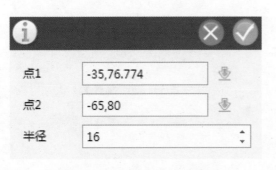

图 5-1-23　两点及半径确定圆弧

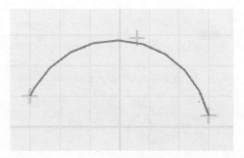

图 5-1-24　编辑圆弧半径大小

4.2.7 多段线

选择【草图绘制】 ✎ 中的【多段线】 ⬠ 工具，可以通过多点连续绘制连续直线。修改连续直线可通过鼠标拖拽直线实现，如图5-1-25所示。

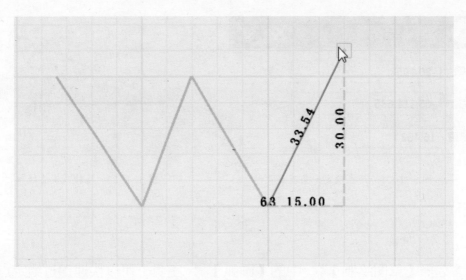

5-1-25　多段线的绘制

140

4.2.8 通过点绘制曲线

选择【草图绘制】 中的【通过点绘制曲线】 工具，可以通过连续点绘制样条曲线，通过编辑对话框设定每个点的坐标；也可拖动新增智能手柄使每个点的切线、曲率半径、相切权重发生改变，从而改变样条曲线的形状，如图 5-1-26 所示。

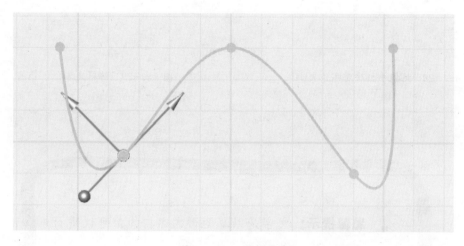

图 5-1-26　编辑曲线

4.2.9 预制文字

【草图绘制】 中的【预制文本】 工具，可通过对话框设定文字内容，如图 5-1-27 所示。通过拖动智能手柄改变文字的大小，如图 5-1-28 所示。鼠标选中文字或者左下角的"+"号可以拖拽文本，鼠标

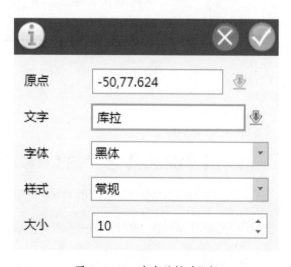

图 5-1-27　文本编辑对话框

左键单击文本，在快捷菜单栏中选择"A → B"，可对文本进行编辑，如图 5-1-29 所示。

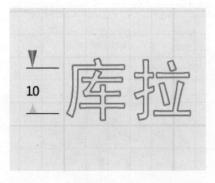

图 5-1-28　拖拽手柄改变字体大小

图 5-1-29　编辑文本

> **温馨提示：** 文字是以草图形式存在的，可以进行拉伸、旋转、放样等。文本只能够在平面上创建，无法直接在曲面创建。可以通过【投影曲线】工具，将文本映射在曲面上，并通过【镶嵌曲面】变为实体。

4.2.10 参考几何体

通过【草图绘制】 中的【参考几何体】 工具，可以投影零件或组件中的三维曲线到草图平面中使其变成二维曲线。先确定草图平面，再选择要投影的曲线。如图 5-1-30 所示，将曲面边投影到 xy 平面上。

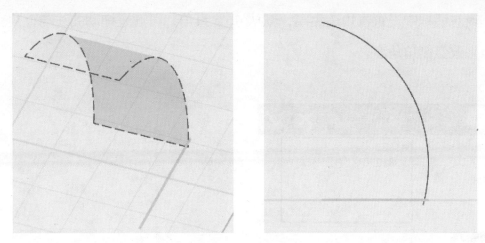

图 5-1-30　参考几何体

4.3 草图编辑

4.3.1 链状圆角

选择【草图编辑】▢ 中的【链状圆角】▢ 工具，可在两条（或多条）相连曲线间创建指定半径的圆角，点选草图中两条（或多条）不同的相连曲线后，在编辑对话框中设置圆角半径即可。

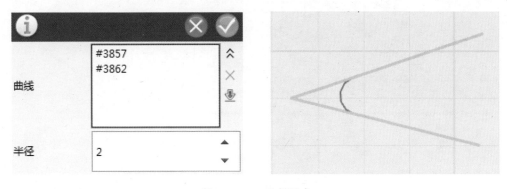

图 5-1-31　编辑圆角

4.3.2 链状倒角

选择【草图编辑】▢ 中的【链状倒角】▢ 工具，可在两条（或多条）相连曲线间创建倒角，点选草图中两条（或多条）不同的相连曲线后，在

编辑对话框中设置直角边距离，默认 45° 直角，可通过拖动曲线与直角交点来改变倒角角度。

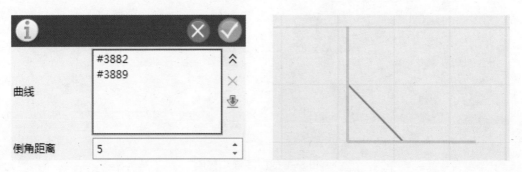

图 5-1-32　编辑倒角

4.3.3 单击修剪

选择【草图编辑】▢ 中的【单击修剪】工具，自动修剪可以选择的曲线段，修剪命令多用于复杂草图绘制时去掉多余的曲线，如图 5-1-33 所示。

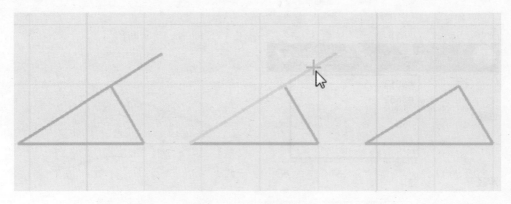

图 5-1-33　修剪命令

3.3.4 修剪 / 延伸曲线

【草图编辑】▢ 中的【修剪 / 延伸曲线】工具，用于修剪或者延伸曲线，并可修剪或延伸一个点、一条曲线或输入一个延伸长度。延长

命令多用于复杂草图的绘制或对修剪过度的情况进行补救。如图5-1-34所示。

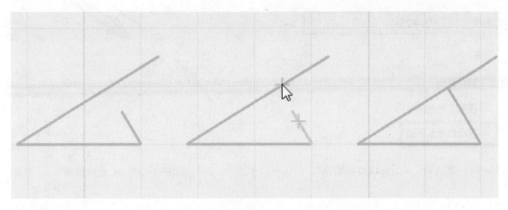

图 5-1-34　修剪／延伸曲线

4.3.5 偏移曲线

【草图编辑】□中的【偏移曲线】⫽工具用于偏移复制直线、弧或曲线,可通过菜单设置偏移距离,并且选择偏移的方向或两个方向都偏移。偏移命令多用于复制草图中的复杂曲线,并且偏移距离精确,适合绘制复杂草图,如图5-1-35所示。在编辑对话框中勾选"在凸角插入圆弧",如图5-1-36所示,偏移的两条曲线的尖角处会以圆弧的形式过度,如图5-1-37所示。

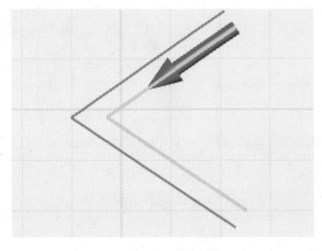

图 5-1-35　偏移曲线

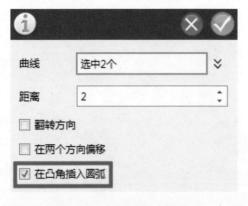

图 5-1-36　编辑偏移曲线

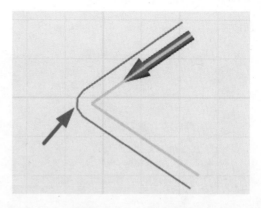

图 5-1-37　尖角处圆角

4.4 特征造型

4.4.1 拉伸

使用【拉伸】 ![icon] 工具前要创建一个拉伸特征，再把草图沿垂直方向拉伸成实体，在拉伸菜单中可通过智能手柄调节拉伸距离和拔模角度，也可以通过点击数值，进行精确的设计，如图 5-1-38 所示。

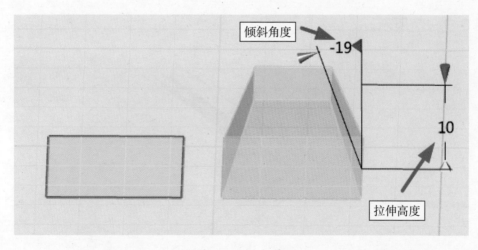

图 5-1-38　拉伸

温馨提示：在使用拉伸时，我们需要检查二维草图是否封闭，未封闭则无法拉伸成为实体。在编辑文本，选择字体时我们往往需要注意字体的选择，线条不交叉。在草图模式下我们可以使用"显示曲线连通性"来检查曲线是否有交叉部分。若存在交叉，则拉伸出来的为片体，如图5-1-39所示。

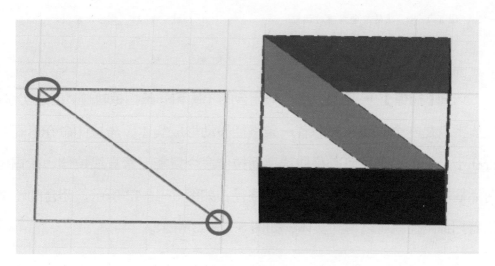

图5-1-39　草图交叉重叠，拉伸后成为片体

4.4.2 旋转

使用【旋转】 工具之前要先创建一个旋转特征，值得注意的是这个旋转特征的草图只能是旋转实体的一半图形，实质上旋转命令就是草图通过轴线旋转一圈或一定角度从而形成实体。可以通过在对话框中输入旋转的角度，如图5-1-40所示；也可以通过拖拽智能操作手柄来改变旋转

角度的大小，从而得到旋转体，如图 5-1-41 所示。

图 5-1-40　旋转命令编辑对话框

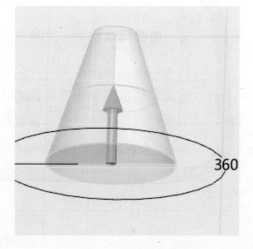

图 5-1-41　旋转示意图

4.4.3 扫掠

选择【扫掠】 工具，用一个闭合的轮廓和一条扫掠轨迹，创建实体，实质上就是一个草图轮廓沿着一条路径移动形成实体。与拉伸命令不同之处在于：扫掠的路径可以是曲线，而拉伸命令只能沿着直线拉伸。在扫掠对话框中可以选择扫掠轮廓和扫掠路径，如图 5-1-42 所示。闭合的轮廓沿着扫掠路径就可以得到实体，如图 5-1-43 所示。

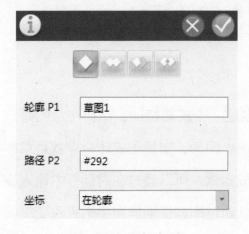

图 5-1-42　扫掠对话框

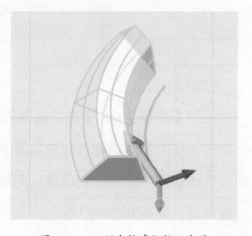

图 5-1-43　闭合轮廓扫掠示意图

148

温馨提示： 草图的轮廓和路径需要在不同的平面上，即路径与草图轮廓有夹角。3D One 中没有空间曲线命令，我们可以先绘制一条路径，用移动工具将路径旋转一定的角度；也可以把六面体的面作为辅助平面，创建一个不平行于草图轮廓的路径。注意：轮廓和曲线不能在同一草图模式下绘制。

4.4.4 放样

选择【放样】 🔵 工具，通过链接两个以上且不在同一平面上的封闭轮廓构成封闭实体。选择轮廓时，多个轮廓要依次选择，并在选择时注意各轮廓的箭头必须指向一致，否则放样出来的实体会与预期造型相差甚远。在扫掠对话框中可以选择不同的放样类型，如图 5-1-44 所示，得到的结果也会不同。两个不同的封闭轮廓，如图 5-1-45 所示，以不同的链接线放样得到的不同实体，如图 5-1-46 所示。

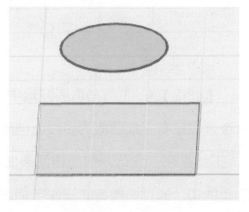

图 5-1-44　放样命令编辑对话框　　　　图 5-1-45　闭合草图

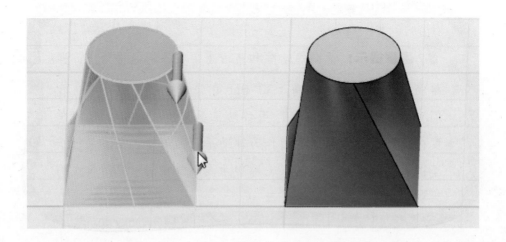

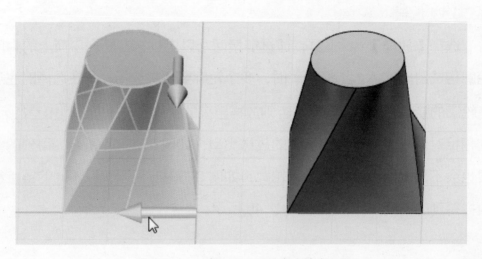

图 5-1-46 选择不同的链接线放样对比图

4.4.5 圆角

【圆角】🔩 工具与草图编辑中的【链状圆角】▢ 工具不同，此圆角命令是在已有三维造型的边线上创建圆角，而草图编辑中的【链状圆角】▢ 工具是在二维草图中创建两条曲线之间的圆角。用鼠标选择需要创建圆角的边，通过拖拽智能操作手柄，可以改变圆角的大小，也可以通过点击数值，进行精确的设计，如图 5-1-47 所示。

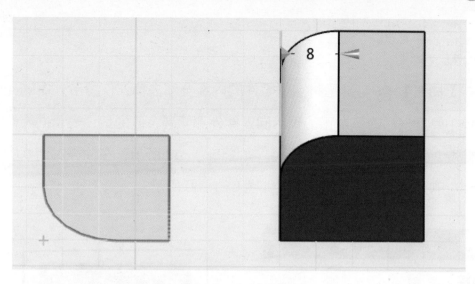

图 5-1-47 圆角示意图

4.4.6 倒角

【倒角】 工具与上一个圆角工具相似，是在已有三维造型的边线上创建倒角。用鼠标选择需要创建倒角的边，通过拖拽智能操作手柄，可以改变倒角的大小，也可以通过点击数值，进行精确的设计，如图 5-1-48 所示。

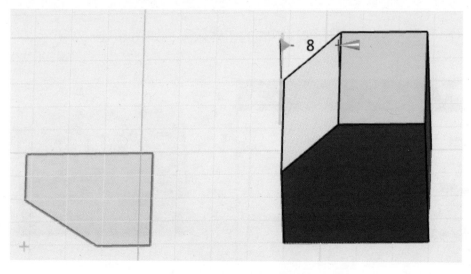

图 5-1-48 倒角示意图

4.5 特殊功能

4.5.1 抽壳

【抽壳】 工具是将实体零件的内部全部去掉，仅留下外围的壳。菜单中厚度一栏的值为正，表示向零件外部伸展，值为负，表示向零件内部伸展，开放面为零件的开口面。如图 5-1-49 所示，在抽壳对话框中选择相应的开放面和厚度 T，结果如图 5-1-50 所示。

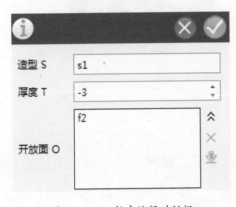

图 5-1-49　抽壳编辑对话框

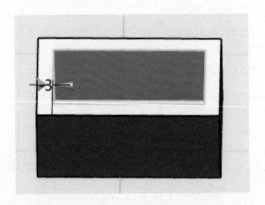

图 5-1-50　抽壳示意图

4.5.2 扭曲

【扭曲】 工具用于将一个零件自行扭转一个角度，类似拧麻花。在对话框中选定基准面和扭转角度，或通过手柄拖拽粗略改变扭曲的长度，如图 5-1-51 所示，从而得到不同的扭转效果，如图 5-1-52 所示。

![扭曲编辑对话框及示意图]

图 5-1-51　扭曲编辑对话框

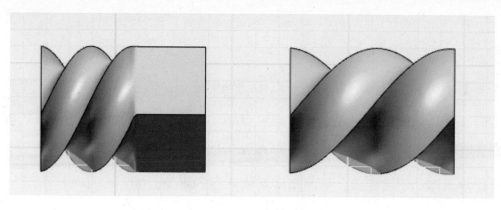

图 5-1-52　扭曲示意图

4.5.3 浮雕

【浮雕】□ 工具用于在曲面上将图片转变成立体的浮雕造型。在使用浮雕命令时，我们需要创建一个实体，以实体的某个面来创建浮雕。点击【浮雕】命令后，在弹出的选择对话框中选择需要的图片。在浮雕对话框中选择制作浮雕的平面及原点位置，调节浮雕的最大偏移量及图片的宽度，如图 5-1-53 所示。图 5-1-54 为浮雕效果图（分辨率将决定成品图的清晰度）。

图 5-1-53　浮雕编辑对话框　　　　图 5-1-54　浮雕效果图

4.6 基本编辑

4.6.1 移动

【移动】工具可将零件从一点移动到另一点，或者将零件旋转一个角度值。在对话框中，可以选择【点到点移动】和【动态移动】，如图 5-1-55 所示。点到点移动，是在实体造型上选择一个点作为起始点，将起始点移动到目标点，从而实现实体造型的移动，如图 5-1-56 所示。

图 5-1-55　点到点移动对话框

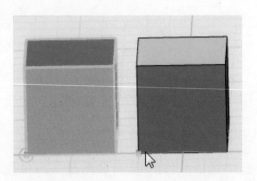

图 5-1-56　点到点移动示意图

动态移动，会在选定的实体造型中心创建一个动态的空间直角坐标系，通过移动 X/Y/Z 三个坐标轴或旋转三个旋转轴改变位置，也可以通过在数值框中输入数值和角度，如图 5-1-57 和图 5-1-58 所示。

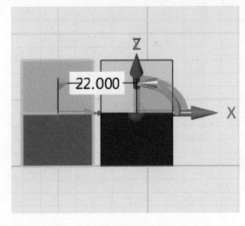

图 5-1-57　动态沿 X 轴移动

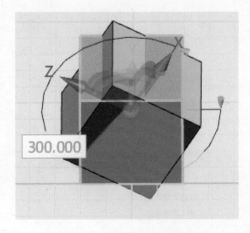

图 5-1-58　沿 XOZ 平面旋转

4.6.2 缩放

【缩放】 🔩 工具用于修改零件的大小。如图 5-1-59 所示，在缩放对话框中选择"均匀缩放"，修改缩放比例。均匀缩放，不会改变零件的整体造型。如图 5-1-60 所示，在编辑对话框中选择"非均匀"，会出现 X、Y、Z 三轴的比例，可直接输入比例值。当输入三轴的比例不同时，新的零件则会改变外观，例如一个正方体变为长方体。

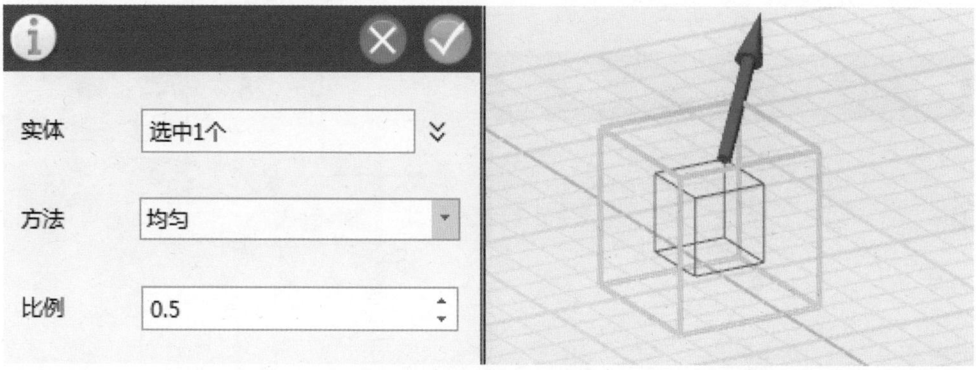

实体	选中1个	
方法	均匀	
比例	0.5	

图 5-1-59　均匀缩放

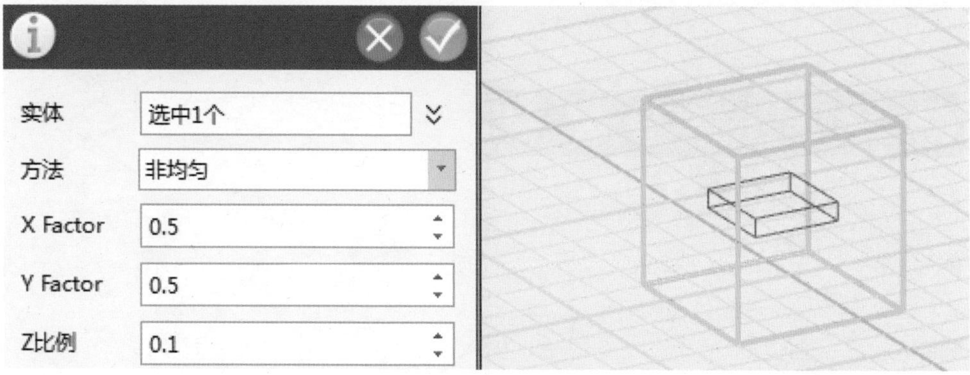

实体	选中1个	
方法	非均匀	
X Factor	0.5	
Y Factor	0.5	
Z比例	0.1	

图 5-1-60　非均匀缩放

155

4.6.3 阵列

【阵列】 工具可使零件按照一定方式复制摆放，阵列形式包括线性阵列、圆形阵列和在曲线上阵列。如图 5-1-61 所示，线性阵列中零件按照两个相互垂直的方向复制摆放（也可单独选择一个方向进行复制）。在数值框中输入需要复制的数量值，还可以通过勾选来选择是否去掉那些复制出来的造型。如图 5-1-62 所示，圆形阵列中零件绕一根轴旋转复制摆放。可在菜单中更改旋转轴，在数值框中输入需要复制的数量值，通过

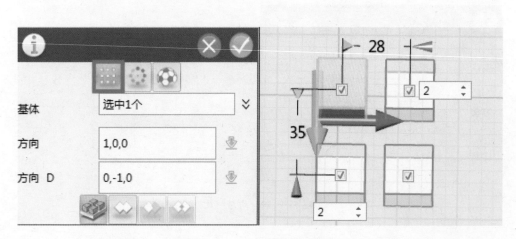

图 5-1-61　线性阵列示意图

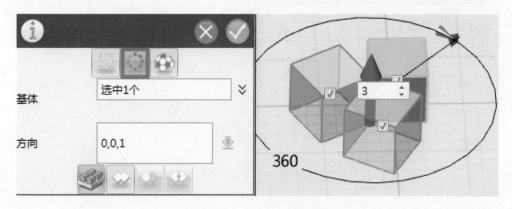

图 5-1-62　圆形阵列示意图

拖拽手柄粗略地改变阵列的角度。如图 5-1-63 所示，零件沿曲线路径进行复制排列，首先我们需要绘制一条曲线作为边界，在阵列对话框输入复制出的造型首尾间距，在数值框中输入需要复制的数量值。

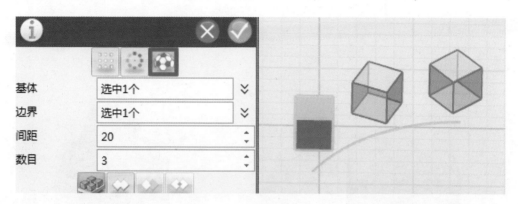

图 5-1-63　曲线阵列示意图

4.6.4 镜像

选择【镜像】⚠ 工具，可通过两定点或平面自动建立虚拟的镜像面，如图 5-1-64 所示。

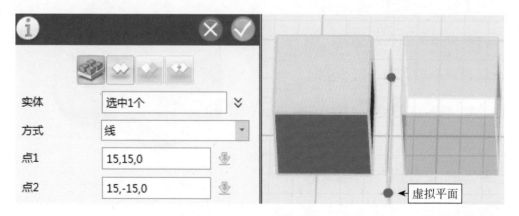

图 5-1-64　镜像示意图

4.7 吸附

选择【自动吸附】  工具，通过单击选择两个造型的表面，把两个造型自动组合起来。吸附相当于一种特定的快捷移动方式，能够准确地将两个实体造型摆放整齐，但是两者还是独立存在的，如图5-1-65所示。

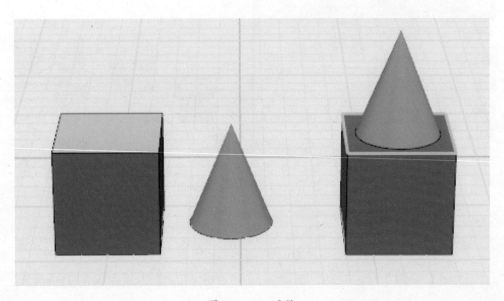

图 5-1-65　吸附

4.8 组合编辑

【组合编辑】 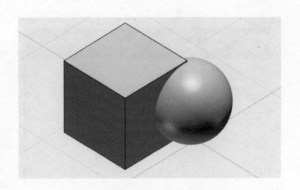 工具用于对多个基体做布尔运算。组合是对两个或者两个以上的实体造型进行布尔运算，其中包括了加运算、减运算和交运算三种形式。在使用布尔运算时，做运算的基体必须有交集，即

图 5-1-66　共有部分

有共同的部分。如图5-1-66所示，一个正方体和一个球体有共同的部分，下面就以这个为例子进行布尔运算说明。

4.8.1 加运算

选择【组合编辑】 中的【加运算】 工具，如图 5-1-67 所示，选择基体和合并体，两种的选择顺序无关。如图 5-1-68 所示，完成命令后得到基体与合并体的并集。

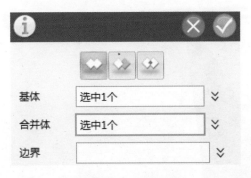

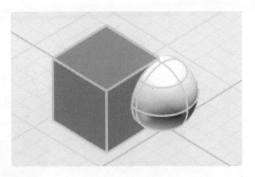

图 5-1-67 加运算对话框   图 5-1-68 加运算

4.8.2 减运算

【减运算】 工具将基体与合并体相交的部分在基体上切除下来，最后得到基体中不与合并体相交的部分。此命令得到的结果和基体的选择有关，基体相当于数学减法运算中的被减数，合并体为减数。选择基体（正方体）和合并体（球体），结果如图 5-1-69 所示。选择基体（球体）和合并体（正方体），结果如图 5-1-70 所示。

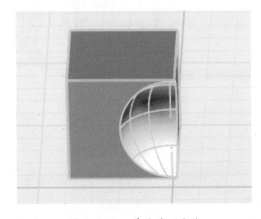

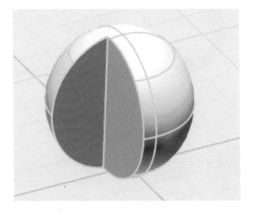

图 5-1-69 基体为正方体   图 5-1-70 基体为球体

4.8.3 布尔交运算

【交运算】工具将留下基体与合并体的重合部分，最后得到的是基体与合并体的交集，基体与合并体无先后顺序，如图5-1-71所示。

图 5-1-71 交运算

> **温馨提示：** "边界"选项组是针对加运算使用。在组合的过程中直接选择交叉实体的保留部分，省去了设计者后续的麻烦。如图 5-1-72 所示，边界为圆柱体外表面，得到合并体对比图。

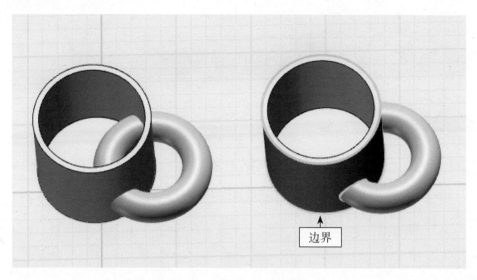

边界

图 5-1-72　边界功能效果

博士的话　3D 制作软件多种多样，有老牌的 AutoCAD、3ds Max、Maya，也有新生的 3D one 等软件。其中国产的软件对中文支持较好，无需汉化即可使用。

◎ 1. 安装 Cura 切片软件

（1）Cura 切片软件可以从网络上直接搜索下载，选择相对应的版本。

（2）双击安装程序，在对话框中选择程序安装目录，如图 5-2-1 所示，点击"Next"。

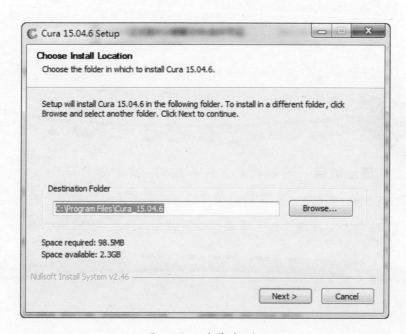

图 5-2-1　安装对话框

（3）如图5-2-2所示，选择需要安装的组件。 STL、OBJ 和 AMF 是三种 3D 模型格式，STL 是最常见的格式，其他两种比较少见。缺省的选择不打勾，点击"Install"开始安装。

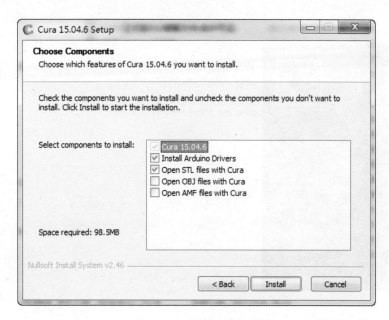

图 5-2-2　选择安装组件

（4）如图5-2-3所示，安装程序进度。

图 5-2-3　程序安装进度条

（5）如图5-2-4所示，在安装过程中会出现"安装向导程序"对话框，我们只需要点击"下一步"，系统会自动安装。如图5-2-5所示，安装完毕点击"完成"。

图 5-2-4　安装向导程序

图 5-2-5　向导程序安装完成

（6）如图 5-2-6 所示，点击"Next"，程序安装完成。

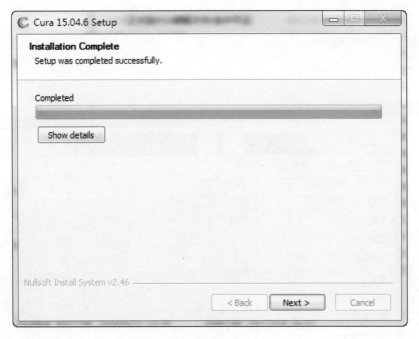

图 5-2-6　主程序安装完成

（7）如图 5-2-7 所示，点击 Finish，完成安装。

图 5-2-7　Cura 安装完成

165

◎ 2. 软件界面及参数介绍

2.1 界面介绍

打开 Cura 程序，其主界面如图 5-2-8 所示。界面主要由参数设置区、成型平台、模型显示样式、工具栏、打开、保存等构成。

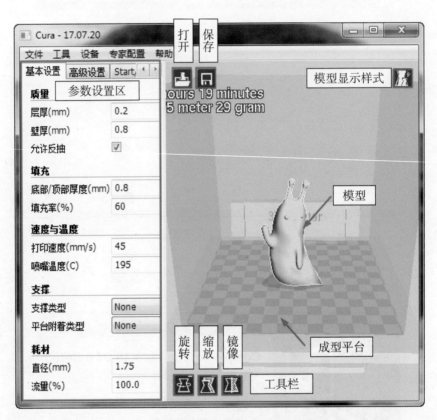

图 5-2-8　Cura 界面

打开：导入需要进行切片的模型。

保存：导入的模型在参数设置好后会自动进行切片，我们只需要将切好的模型保存即可。保存按钮下方，会有本模型打印耗时和耗材的使用量的提示。

成型平台：模型导入放置的平台。

模型显示样式：主要有普通模式、悬空模式、透明模式、X 光模式和分层模式。常用的是普通模式（查看 3D 模型外观）、悬空模式（显示模型需要添加支撑的地方，表面以红色显示）和分层模式（显示切片后每一层的轮廓）。

工具栏：由旋转、缩放和镜像组成。可以对模型的位置进行摆放、改变模型的尺寸和对某个平面进行镜像。

参数设置区：主要有基本设置、高级设置、插件和 Start/End-GCode 等。本书只简单介绍基本设置。

Cura 使用的基本流程如图 5-2-9 所示。

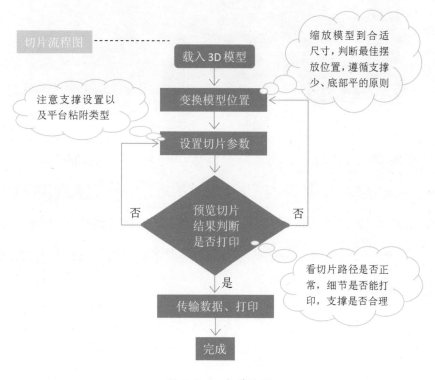

图 5-2-9　切片流程

2.2 模型的旋转、缩放和镜像处理

旋转（Rotate）：如图 5-2-10 所示，选中了模型之后，会发现视图左下角出现 3 个菜单，左边的是旋转菜单，中间的是缩放菜单，右端的是镜像菜单。点击旋转，会发现模型表面出现 3 个环，颜色是红、绿、蓝，

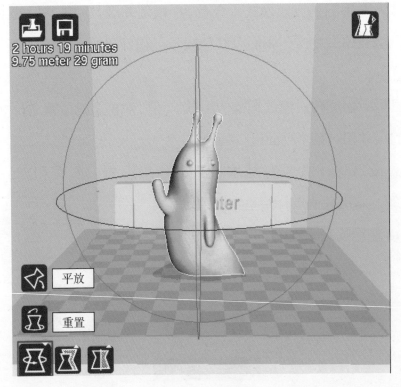

图 5-2-10　旋转

分别表示 X 轴、Y 轴和 Z 轴。把鼠标放在一个环上，按住拖动即可使模型绕相应的轴旋转一定的角度。需要注意的是，Cura 只允许用户旋转 15 的倍数角度。如果希望返回原始的方位，可以点击旋转菜单的重置（Reset）按钮。而平放（Lay flat）按钮则会自动将模型旋转到底部比较平的方位，但不能保证每次都成功。

　　缩放（Scale）：如图 5-2-11 所示，点击缩放按钮，模型表面出现 3 个方块，分别表示 X 轴、Y 轴和 Z 轴。点击并拖动一个方块可以将模型缩放一定的倍数。也可以在缩放输入框内输入缩放倍数，即"Scale *"右边的方框；还可以在尺寸输入框内输入准确的尺寸数值，即"Size *"右边的方框。

　　另外，缩放分为"等比例缩放"和"非等比例缩放"，Cura 默认使用等比例缩放，即缩放菜单中的锁处于上锁状态。若希望使用"非等比例

缩放"，只需要点击这个。"非等比例缩放"可以将一个正方体变成一个长方体。重置（Reset）会将模型回归原形，最大化（To Max）会将模型放到打印机能够打印的最大尺寸。

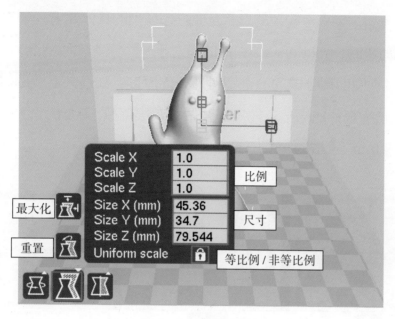

图 5-2-11　缩放模型

镜像（Mirror）：如图 5-2-12 所示，选中模型之后，点击镜像按钮，就可以将模型沿 X 轴、Y 轴或 Z 轴镜像。比如，左手模型可以通过镜像得到右手模型。

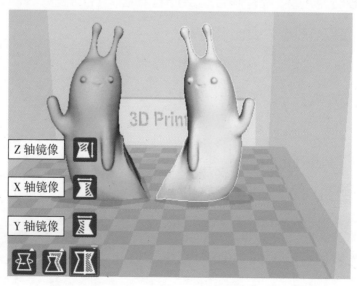

图 5-2-12　镜像

2.3 基本参数定义

层厚（Layer height）：指每一层切片的高度。这个设置直接影响到打印的速度。层高越小，打印时间越长，同时可以获得相对好的打印精度。这个值的设置需要参考模型的形状及要打印模型的具体要求。

壁厚（Shell thickness）：指的是对于一个原本实心的 3D 模型，在 3D 打印过程中四周生成的一个塑料外壳的厚度，即最外层壁的厚度，一般设置成喷嘴直径的倍数。如果需要做成双层壁厚，0.4 mm 的喷嘴壁厚要设成 0.8 mm，如图 5-2-13 所示。

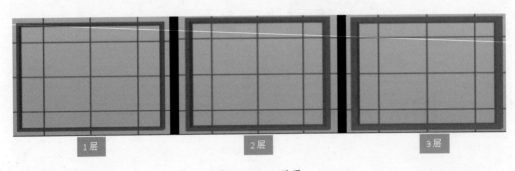

图 5-2-13　壁厚

底部 / 顶部厚度（Bottom/Top thickness）：与外壳厚度类似。推荐这个值和外壳厚度接近，并且是层厚和喷嘴直径的公倍数。对于模型来说，顶部和底部一般要求要比较结实，因此 Cura 默认对顶部和底部的几层打印实心（100% 填充），如图 5-2-14 所示。

填充率（Fill density）：指的就是原本实心的 3D 模型，内部网格状塑料填充的密度。这个值与外观无关，越小越节省材料和打印时间，但强度也

图 5-2-14　底部 / 顶部厚度

会受到一定的影响。通常情况下 20% 的填充密度就足够了，如图 5-2-15
所示。

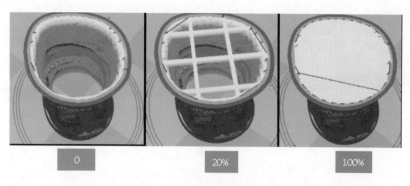

图 5-2-15　填充密度

打印速度（Print speed）：需要根据实际打印模型的大小、结构等合
理调整，初始打印第一层时打印机默认速度为 20，可根据此速度自行设置。
推荐高质量打印速度 30~40 mm/s，一般打印速度 50~60 mm/s，高速打
印速度为 80~100 mm/s。

喷嘴温度（Printing temperature）：根据所用耗材的材质来决定。
一般 PLA 材料为 200 度左右，ABS 为 230 度左右。

支撑类型（Support type）：打印模型就像盖房子一样，在空气中打
印，悬空的地方是不能直接打印出来的。盖房子需要脚手架，3D 打印同
样需要支撑结构。

支撑分为两种类型："延伸到平台"和"所有悬空"。二者的区别是
延伸到平台的支撑不会从模型自身上去添加支撑结构，如图 5-2-16 所示。

图 5-2-16　支撑

粘附（Platform adhesion type）：平台附着类型也有两个类型。第一项为沿边（Brim），模型外围附加一圈底座帮助模型更牢固地粘附在平台上。第二项为底座（Raft），模型整个底部附加底座来帮助模型粘附在平台上，这对于底部面积较小或底部较复杂的模型来说是比较好的选择。如图5-2-17所示。

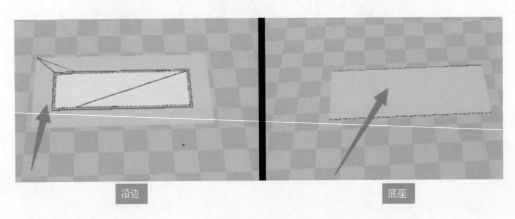

图 5-2-17　粘附

直径（Diameter）：根据所使用的耗材的直径设置，耗材直径有1.75 mm和3 mm。

流量（Flow）：为了微调出丝量而设置的，实际的出丝长度会乘以这个百分比。如果这个百分比大于100%，那么实际挤出的耗材长度会比gcode文件中的长，反之变短。

三、3D 打印机

◎ 1.3D 打印机的组成

（1）机体框架：机体框架是各款打印机差别最大的地方，有矩形结构和三角形结构等，但都必须具备刚性强度。

（2）控制电路：控制电路是 3D 打印机的核心部位，相当于人类的大脑。控制电路的基本结构是由单片机、步进电机驱动、控制喷嘴热床的场效应管，还有各种外出接口构成的。它将处理后的三维模型文件转换为 XYZ 三轴和挤出电机的执行数据，通过步进电机输出命令带动喷头移动和挤出机供料，在平台上均匀地"涂抹颜料"，层层叠加，最终构建实体模型。

（3）机械轴：它是 XYZ 三轴运动的部件，一般有直角坐标型和三角爪型。

直角坐标型：XYZ 轴互为直角的样子，XY 轴通常是由同步带接步进电机来定位的，Z 轴则是由丝杆控制的。

三角爪型：其数学原理是笛卡尔坐标系，将 XY 轴通过三角函数来映射到三个爪的位置上。

（4）进料挤出机：步进电机直接驱动挤丝轮将耗材送往喷嘴加热融化挤出，它是构建三维模型的前提。

3D 打印机的实物如图 5-3-1、图 5-3-2 所示。

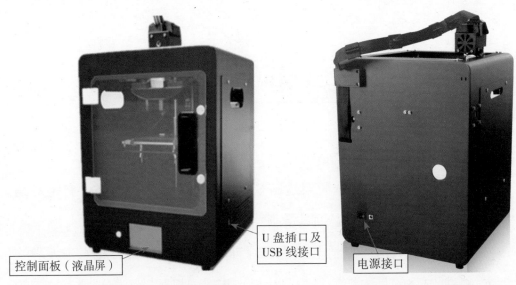

控制面板（液晶屏）　　　　　　U 盘插口及
　　　　　　　　　　　　　　　USB 线接口　　　　电源接口

图 5-3-1　3D 打印机正面　　　　　　图 5-3-2　3D 打印机背面

◎ 2. 3D 打印机的操作

目前市面的 FDM 3D 打印机主要采用联机和脱机打印两种打印方式，具体操作如下。

2.1 联机打印

将电脑与 3D 打印机通过数据线直接相连，将切片生成的 gcode 文件发送到 3D 打印机，从而驱动 3D 打印机执行代码，进行打印，如图 5-3-3 所示。

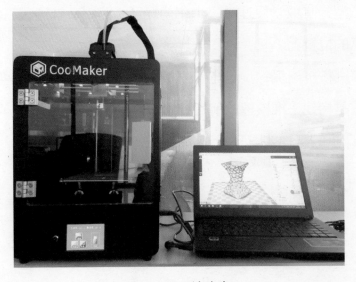

图 5-3-3　联机打印

温馨提示：市面上有的打印机并没有存储功能，打印过程数据线必须一直连着，直至模型打印完成，中途不能中断。当电脑或 3D 打印接口与数据线接口连接不稳定时，容易造成打印失败，因此不提倡联机打印。

2.2 脱机打印

将模型的 gcode 文件存储在 U 盘或 SD 卡，3D 打印机直接读取 U 盘或 SD 卡中的文件并执行操作，从而实现打印。

脱机打印相对稳定，避免了 USB 接口松动或电脑连接不稳定的问题，因此优先考虑脱机打印。

2.3 wifi 传输打印

有些 FDM 3D 打印机具备 wifi 功能，在同一个局域网内，电脑和 3D 打印机通过 wifi 进行数据的传输，将 gcode 文件直接拷贝到 3D 打印机上并执行打印，数据传输完成即可关闭 wifi，不影响打印。

2.4 进料

FDM 3D 打印机使用 PLA 或 ABS 塑料丝材，目前直径分为 1.75 mm 和 3 mm 两种，耗材选用根据打印机而定。在打印前，需要先通过挤出机将丝材送进喷头中，这个过程叫做进料。具体操作步骤如下：

（1）在进料时，我们再一次确认是否把耗材线卡到了送丝机的齿轮，确认无误后选择"准备"，然后点击"进丝"，如图 5-3-4 所示。

（2）机器会先归零再下降一小段距离，同时喷嘴也会加热，等喷嘴加热到 230 ℃时，如图 5-3-5 所示，送丝机就会把丝均匀顺畅地从喷嘴

挤出来（进料操作，机器自动完成，点击退丝，进料停止）。

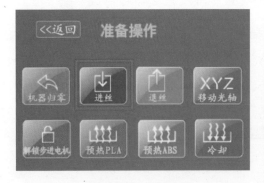

图 5-3-4　进料

图 5-3-5　加热

温馨提示： 在进料时，我们需要将丝材的前段（膨胀或者弯曲的部分）剪掉，如图 5-3-6 所示。最好是剪成斜口，如图 5-3-7 所示。

图 5-3-6　丝材膨胀

图 5-3-7　剪平

2.5 退料

当需要使用不同材质或颜色的耗材时，我们需要先将预留在喷头里面的丝材拔出，这时候挤出电机反转，这个过程叫退料。具体操作步骤如下：

（1）选择"准备"，点击"退丝"，喷嘴加热，如图5-3-8所示。

（2）喷嘴加热到230 ℃，进料电机会先将丝材送进一小段后再快速地将耗材从喷嘴抽出，如图5-3-9所示。机器自动完成退丝操作，点击退出，退丝停止。

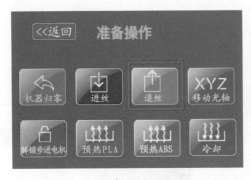

图5-3-8 退料

图5-3-9 加热

2.6 调平

3D打印机的平台是否平整将直接影响模型的打印质量，严重情况下可能直接造成打印失败。调平步骤如下：

（1）如图5-3-10所示，在液晶屏上选择"准备"，点击"机器归零"，打印平台和十字滑台将会回到零点的位置。目的：为调节平台做准备，确认喷嘴与平台之间的距离。

（2）等到机器归零完成后，电机会自动锁死，需

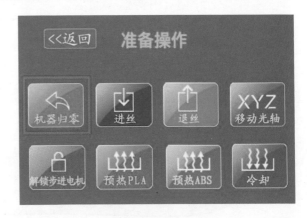

图5-3-10 归零

要选择"解锁步进电机"来解锁，这样才能移动十字滑台，如图5-3-11所示。

（3）依次移动喷嘴到平台四周调节喷嘴与平台的距离，距离为一张纸的厚度，如图5-3-12所示。把一张A4纸放到平台上，使得喷嘴与平台高度刚好一张A4纸的高度。若偏高或者偏低，则旋转平台底部相应的螺帽，使其刚好到A4纸的高度（即抽出A4纸时有点小摩擦），如图5-3-13所示。

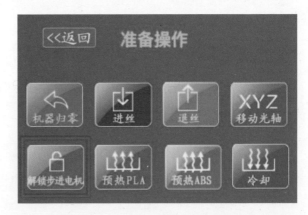

图 5-3-11　解锁步进电机

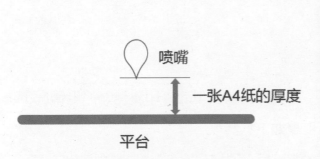

图 5-3-12　高度示意图

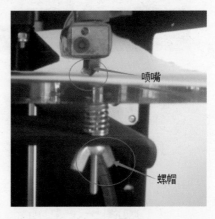

图 5-3-13　高度调节

💡 **温馨提示：** 如果距离过大，就要顺时针旋转平台螺母，使平台向上，如图5-3-14所示；如果距离过小碰到喷嘴，就逆时针旋转螺母，使平台向下，如图5-3-15所示。

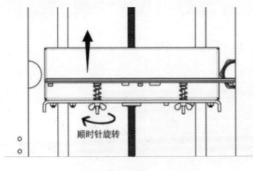
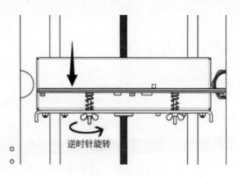

图 5-3-14　顺时针旋转　　　　　　图 5-3-15　逆时针旋转

（4）调整平台与喷嘴四个点之间的距离，再将机器归零，重新调整四个点的距离，使得四点距离差一致。

如果出来的丝是呈锯齿状，如图 5-3-16 所示，说明平台和喷嘴距离过大，丝是从喷嘴甩下来而不是刚好贴紧的。这时稍微顺时针旋转螺母，使平台向上，直到现象消失，出现贴紧的线条为止。

如果发现出丝过细或者出丝不连贯，如图 5-3-17 所示，说明喷嘴与平台的距离过小，导致喷嘴出丝量过小。这时稍微逆时针旋转螺母，使台向下直到出丝量饱满顺畅为止。

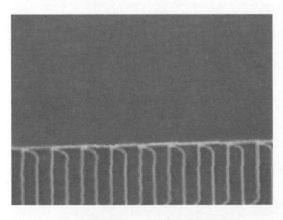

图 5-3-16　距离过大　　　　　　图 5-3-17　距离过小

调整好平台，打印的效果应该是出丝饱满并且线条平贴平台的，如图 5-3-18 所示。

图 5-3-18　饱满

2.7 打印

（1）选择"打印"，如图 5-3-19 所示。

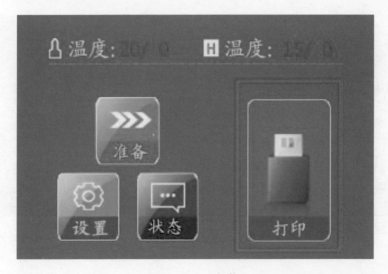

图 5-3-19　打印

（2）选择需要打印的 gcode 文件，如图 5-3-20 所示。

图 5-3-20　选择文件

（3）如图 5-3-21 所示，再次确定要打印的 gcode 文件，然后等待机器升温自动打印。

图 5-3-21　打印

图书在版编目（CIP）数据

3D 打印创意小创客/戴少海，潘高峰，郑利军著.
—福州：福建教育出版社，2018.6
（STEAM 教育丛书）
ISBN 978-7-5334-8101-8

Ⅰ.①3··· Ⅱ.①戴··· ②潘··· ③郑··· Ⅲ.①立体印
刷－印刷术－青少年读物 Ⅳ.①TS853-49

中国版本图书馆 CIP 数据核字（2018）第 067504 号

STEAM 教育丛书
3D DAYIN CHUANGYI XIAOCHUANGKE

3D 打印创意小创客

戴少海　潘高峰　郑利军　著

出版发行	海峡出版发行集团
	福建教育出版社
	（福州市梦山路 27 号　邮编：350025　网址：www.fep.com.cn
	编辑部电话：0591－83726290
	发行部电话：0591－83721876　87115073　010－62027445）
出 版 人	江金辉
印　　刷	福州华彩印务有限公司
	（福州市福兴投资区后屿路 6 号　邮编：350014）
开　　本	787 毫米×1092 毫米　1/16
印　　张	11.75
字　　数	138 千字
版　　次	2018 年 6 月第 1 版　2018 年 6 月第 1 次印刷
书　　号	ISBN 978-7-5334-8101-8
定　　价	42.00 元

如发现本书印装质量问题，请向本社出版科（电话：0591－83726019）调换。